# 方太

## 難忘的味道

MY UNFORGETTABLE DELICACIES

# 自序

在這本書裏所介紹的食譜多是初來香港時父親家中的日常飯菜。當我有自己的家庭後，有些也成為家中的菜餚，陪伴着我的孩子們長大。如今他們各有自己的家庭，在來我家再吃到這些舊菜時，也會憶起當年的舊事；就像我每次吃洋葱燜鴨時，就會想起和父親在加拿大相處的日子，與他同在廚房煮菜的情景就會浮現眼前，彷彿還能聞到燜鴨的香味……。

美食令人難忘，不單是那種味道，還有那份情懷，當時共同享受美食的人和事更能讓人永記心頭；小兒子如今還記得外祖父用紅燒肉汁拌飯餵他的情景，已是數十年前的事了。美食易尋，情誼難求，但願留在記憶裏的都是歡樂，不是惆悵！

願大家欣賞美食，珍惜相遇相處的緣份。祝福大家！

**方任利莎**

二〇二〇年正月

# MY UNFORGETTABLE DELICACIES

# 方 太 難 忘 的 味 道

# 和父親一齊的日子

對於我來講，沒有甚麼味道會使我不捨和難忘；倒是在吃某些特殊的食物（不是名貴，只是用我家的特有烹調方法去烹製）會使我憶起當年進食時的「情」與「事」。有時會有刹那的歡欣，但大多數是感慨、失落，甚或有少許的哀愁！然而，過去的始終是過去了。

每逢在家中煮八寶辣醬，總會想起初來香港，在北角居住的日子，那已是七十年前的事了。一九四八年尾，我們七、八個十多歲的孩子突然從上海來到香港，因為時局動盪，父親漸漸和留在上海的兄姐失去聯絡，也即是沒有人會幫父親將在上海的錢匯來了；父親惟有帶着我們這群孩子過「節衣縮食」的日子。父親在有權有勢的時候，從來都是幫人幫事，不求回報，來香港後，也只是低調過日子，從不求人。父親常教導我們「人窮志不窮」，要做有出息的人，一齊捱窮。

我們那時的早餐是吃「泡飯」，即是將隔夜飯加入清水滾煮成帶水的飯粥，送泡飯的小菜一般是炒蘿蔔乾，即是將菜脯切粒炒後加少許糖、醬油煮成的，很好吃的。現在我也會煮，我的孩子們都十分欣賞。八寶辣醬（又名「百寶辣醬」）更是一個百搭的小菜，可配飯、送粥，也可拌麵共吃。材料也豐儉由人，基本上是豆腐乾、蝦米、蘿蔔乾或榨菜、肉丁、青紅椒、筍丁等，是否加肉丁可隨意。除這些外，我喜歡父親特別的創意——將煮至熟透的雞蛋去殼後加入百寶醬中，但，用的麵豉醬要多些，糖的份量也要較多，並要加水熬煮成醬汁，我們家鄉叫做「熬醬」。

### 小知識

上世紀四十年代尾，不少上海及蘇浙的上流人士為了逃避戰禍南逃來香港。由於他們比較富裕，對生活又有追求，他們發現當時正在發展的北角，繼園街、堡壘街和明園西街一帶有不少樓高三層的高尚新型住宅，正符合他們的需求，遂擇地而居，並吸引其他鄉親也聚居於這區。這些上海人對生活的衣食住行、一事一物也十分講究；所以在北角一帶便開設了很多與上海有關的店舖：上海理髮廳、裁縫店、上海菜館、南貨店等遍佈英皇道、春秧街，吳儂軟語隨處可聞，令北角充滿了上海色彩，有「小上海」之稱。

讀者如想多了解以前的北角，可觀看此網上影片除此之外，上海人很喜歡將晚飯剩下的菜加入水或湯再放入飯煮成「有料」的湯飯，叫做「鹹泡飯」，我父親煮的十分好吃。主要父親知道「選料」，不是所有的剩菜皆可加入煮成「鹹泡飯」的，例如魚就不能加入，最好是菜及紅燒的肉類，選料可說是一個「大學問」，真是一言難盡，一級的大廚也未必能煮得出合格的「鹹泡飯」呢（坦言總易得罪人，恕罪恕罪）！

會吃的人、講究吃的人多數能煮，因為對吃有要求，別人未必能滿足自己的要求。我想，我是很例外的一個！我的工作與飲食、烹飪有很大的關連，我欣賞美食、享受美食，但，家居生活簡單，飲食更簡單，一碟炒素菜，一個靚湯，加一塊腐乳已感覺豐富，連我

**小知識**

腐乳是一種植物性的發酵蛋白食品，被西方人稱為「東方芝士」或「豆腐芝士」。腐乳中的脂肪是不飽和脂肪酸，不含膽固醇。大量實驗研究表明，腐乳中的蛋白質疏水性成份能與膽酸結合，降低動物性膽固醇的吸收及膽酸的再吸收，還可以保護心血管。

家賓姐也知道「豆腐芝士」美味。

我很喜歡湯，可能以前工作十分繁忙，除了有應酬就是吃「飯盒」，所以在一天工作後很渴望能有碗「靚湯」作慰勞。我最喜歡的是上海人家庭中的雞湯。材料很簡單，就是用整隻雞加一小塊火腿，還有不能少的扁尖筍，大火煮滚後，用中火煮至材料熟、湯濃即成。可吃雞喝湯，也可用湯煮麵，好味、有營養且簡便。廣府人士的西洋菜煲豬𦛨、金銀菜煲排骨也是不錯的。不過，能有父親的「鹹泡飯」就更幸福了。

# 八寶辣醬
## Eight Treasures in Spicy Sauce

**材料：**

瘦肉約 4 両，豆腐乾 4 件，蝦米 1 湯匙，冬菇 6 隻，菜脯粒約 3 湯匙，青、紅椒粒各適量，磨豉醬約 1⅓ 湯匙，蒜粒 ½ 湯匙

**調味：**

糖 ½ 湯匙，辣豆瓣醬適量，水約 ⅓ 杯

**做法：**

① 瘦肉洗淨，切成丁狀小粒，放入生抽少許拌勻。

② 冬菇浸透，擠乾水份，與豆腐乾同切成小丁狀。

③ 燒熱鑊，加油約 1½ 湯匙燒熱，將肉丁炒熟，再加入豆腐乾、冬菇、蝦米、青紅椒同炒勻，盛起待用。

④ 再起油鑊，燒熱約 1 湯匙油，爆香蒜粒，放入磨豉醬炒勻，加入所有材料，快手炒勻後加入調味，用小火煮至材料入味即成。

**註**

① 八寶辣醬材料無硬性規定，豐儉由人。

② 因用了磨豉醬有鹹味，需注意加糖平衡。

③ 有人喜加較多水熬成醬，較適合拌麵，乾炒則適合配粥、飯。

**Ingredients**

150 g Lean Pork
4 pcs Dried Beancurd
1 tbsp Dried Shrimp
6 Dried Shitake Mushroom
3 tbsp Chopped Preserved Raddish
Some Green and Red Bell Pepper, Chopped
1⅓ tbsp Ground Bean Sauce
½ tbsp Chopped Garlic

**Seasoning**

½ tbsp Sugar
Some Chilli Bean Sauce (Toban Djan)
⅓ cup Water

**Cooking Methods**

① Rinse the pork and cut it into large cubes. Marinade with light soy sauce.
② Squeeze out excess water from the soaked mushrooms. Cut the mushrooms and dried beancurd into cubes.
③ Heat wok with 1½ tablespoon of oil, stir fry the pork cubes until cooked through. Add the diced dried beancurd and mushroom, dried shrimps and chopped pepper, stir well and transfer to a plate.
④ Heat 1 tablespoon of oil in a clean wok, sauté chopped garlic until fragrant. Add ground bean sauce and stir well. Return all the cooked ingredients into the wok and stir fry quickly. Add seasoning to taste and simmer until sauce has thickened.

Tips

① There are no fix ingredients in Eight Treasures in Spicy Sauce.
② Because the ground bean sauce tastes salty, we must add some sugar to balance the flavour.
③ You may add water in the last step to make more sauce. More gravy for noodles and less gravy for rice and congee.

# 腐乳肉

## Steamed Pork Belly in Fermented Beancurd Sauce

**材料：**

腩肉一件（約重 12 両），南乳 ¾ 件，南乳汁 1 湯匙，薑片、乾葱片各少許

**調味：**

糖 1 茶匙，水約 2 湯匙，麻油少許

**做法：**

① 腩肉洗淨，用清水煮熟（約 15 分鐘），取出用冷水沖洗乾淨，放涼後切成整齊塊狀。皮向碗底，排放入深碗中。

② 將南乳搓爛，加入南乳汁及調味料拌勻，注入肉中，再放上薑片、乾葱片。封上保鮮紙。

③ 將上項材料隔水蒸至熟透及腍，取出，反扣上碟即可供食。

### Ingredients

450 g Pork Belly with skin

¾ pcs Fermented Red Beancurd

1 tbsp Fermented Red Beancurd Sauce

Ginger Slices and Shallot Slices

### Seasoning

1 tsp Sugar

2 tbsp Water

Drops of Sesame Oil

### Cooking Method

① Clean the pork belly and cook the whole piece of meat in boiling water for 15 minutes. Remove the pork, drain and rinse under running water. Cut into bite-size chunks when cool. Arrange the pork into a large bowl with the skin downwards.

② Mash the fermented red beancurd into paste with a fork, add sauce and seasoning. Pour the mixture on the pork. Spread the ginger slices and shallot slices evenly on top. Cover the bowl with a cling wrap.

③ Put the bowl in a steamer and steam for 75 minutes or until the pork becomes tender. Remove the bowl from the steamer. Remove the cling wrap and cover the bowl of steamed pork belly with a serving plate and flip it over onto the plate.

Tips

做腐乳肉最好是先蒸一次，至材料熟，放置一夜使肉入味，臨吃時再蒸至肉酥爛會更可口。

You may steam the bowl of pork belly briefly and keep it in fridge overnight. Then steam it again until the pork becomes tender before serving. Double steaming can make this dish richer in flavour.

# 腐乳肉 Steamed Pork Belly in Fermented Beancurd Sauce

# 簡單是福氣

當家不是容易事！我常說五十年代的家庭主婦真本事，那時大多數是全職家庭主婦，丈夫給家用就是「全包」了，家中一切開支都靠這份錢，主婦們必須懂得精打細算。除了日常支出就是吃了，憑着緊絀的家用就把一家大小餵飽已不容易，如果想有些「私房錢」就更要靠聰明和手藝了。

稍為富裕的家庭，請有廚師或煮食的女傭，作為主婦的也要懂得安排和持家有道才行。當年我的二姐很懂得這些道理並且很能幹，她十八歲就「當家」了，反而母親打牌應酬享福。我們在上海時，每餐大小加起來總有兩桌人，傭人也有兩桌；要安排得好，真是一個大學問。兄弟姐妹中年齡參差，當然會有不同的需要。當年，我大約十二三歲，是可以和大人一齊吃飯，所以可以分享到大人的食物，間中還可吃到一些名貴特殊的菜餚。可惜，我並不欣賞和享受，尤其是晚飯時刻，因為總要等大人們打完牌才開飯，所以，我十分討厭「打麻將」。我家十八兄弟姐妹只有我一人不打牌，可能是年幼時等吃晚飯造成的後果。

要掌管一個大家庭不是容易的事，家中客人多，要面面顧及就更難了。家中每天都有牌局，陪母親打牌的太太們對於吃都是「眼高手低」的一族，家中即使沒有廚師，也定有廚娘，自己不必動手，但都是很懂品嚐美食的人。在我記憶中，家中冷盤總會有燻魚、醬牛肉、拌海蜇皮等，主要是可以預先準備。主菜除時令菜餚外，以燜類為主，燉湯、砂鍋菜更不能少。現在想來，這些嫁了有本領的丈夫的太太們真懂得享受！

至於一般普通人家的家庭主婦，雖不可能每天大魚大肉、珍饈百味，但是她們懂得利用心思和巧手做出各種美味精緻的家庭小菜。常聽她們說，心思、手藝再加上時間更珍貴。以前聽母親說，那個年代小康之家的婦女，她們懂得勤儉持家，相夫教子，更會儲存「私房錢」，如家中有突發事件，會拿出「私房錢」解困。我想，在那個年代的人比較單純，求溫飽，求安定。看似平凡，實在是福氣！

# 紅燜櫻桃

## Braised Frog Legs

**材料：**

田雞 4-5 隻（約 1 斤），冬菇仔 6-8 粒，肉片少許，薑片少許，乾葱 2 粒切片

**調味：**

生抽 1 茶匙，老抽 $1\frac{1}{2}$ 湯匙，糖 $1\frac{1}{3}$ 茶匙，水約 $\frac{3}{4}$ 杯

**做法：**

① 田雞可請商販代劏及去皮和內臟，回來洗淨，斬成大塊；加入料酒少許，拌勻待用。

② 冬菇仔浸透去蒂，待用。

③ 起油鑊，燒熱 1 至 2 湯匙油，放下薑片、乾葱、肉片和田雞爆炒透，灒酒，加入冬菇和調味料，煮滾後，改用小火燜煮至材料熟透，汁收濃即成。

**註**

① 田雞腿煮熟後狀似櫻桃，故這道菜叫做櫻桃。田雞營養價值高，但田雞皮有寄生蟲，不能食用，必須剝淨。

② 田雞少脂肪可加入腩肉同燜。燜煮的菜要視乎火候，食譜中的水份可看需要增加或減少。

## Ingredients

4-5 Frogs, about 600g
6-8 Small Shitake Mushrooms
Some Pork Slices
3 Ginger Slices
2 Shallots, sliced

## Seasoning

1 tsp Light Soy Sauce
1½ tbsp Dark Soy Sauce
1⅓ tsp Sugar
¾ cup Water

## Cooking Methods

① Buy skinned and slaughtered frogs. Rinse the frogs thoroughly and cut into large chunks. Marinate the frog with rice wine and set aside.

② Soak the shitake mushrooms until softened and remove the stems.

③ Heat wok with 1 to 2 tablespoon of oil. Sauté ginger slices and shallot until fragrant. Add pork slices and frog chunks, stir fry until cooked. Sprinkle wine, add mushrooms and seasoning. Cook until boiling, lower the heat and simmer until the ingredients cooked through and sauce has thickened.

## Tips

① The shape of stir fried or braised frog legs looks like cherries, so the dish also named as "Braised Cherries". Frog meat is rich in vitamins and minerals. Because frog's skin carries much parasite, we must skin the frogs before cooking.

② Frog meat is very tender and with less fat. It is good to cook with pork slices. The amount of water used in the recipe should be adjusted according to the cooking time and level of heating.

# 蘇式燻魚

Fried Fish in Suzhou Sweet

**材料：**

鯇魚腩及尾共約 12 両，葱段、薑片各少許，八角 2 粒，花椒粒 ½ 茶匙

**滷汁料：**

老抽約 4 湯匙，生抽 1 湯匙，糖約 3 湯匙，水 1 杯

**做法：**

① 在煲仔中放少許油，爆香薑片、葱段，放入滷汁料及花椒八角，用小火熬煮成滷汁。

② 鯇魚去鱗，洗淨，切成塊狀，魚尾可直切；放入料酒約2湯匙，生抽 2 湯匙，鹽 ¼ 茶匙，同拌勻，略醃片刻，待用。

③ 燒熱小半鑊油，將魚塊炸至呈金黃色，撈起瀝去多餘的油，放入滷汁料中，待吸收汁料後即可夾出上碟。

## Ingredients

450 g Grass Crap Belly and Tail
Spring Onion Sections
Ginger Slices
2 Star Anise
½ tsp Sichuan Pepper

## For Marinade

4 tbsp Dark Soy Sauce
1 tbsp Light Soy Sauce
3 tbsp Sugar
1 cup Water

## Cooking Method

① Heat oil in a casserole, sauté ginger slices and spring onion sections until fragrant. Pour in ingredients for marinade, add the star anise and Sichuan pepper, simmer over low heat to form a marinade.

② Scale the grass crap and rinse. Cut the fish into chunks, add 2 tbsp rice wine, 2 tbsp light soy sauce and ¼ tsp salt, mix well and set aside.

③ Heat half wok of oil, fry the fish chunks until golden brown. Remove and drain excess oil. Immediately put the fried fish pieces in the marinade until they soak up the sauce. Discard to a serving plate and serve.

Tips

可將滷汁料約 1 湯匙混合蜜糖 1 茶匙，掃上魚塊面，更美味。

Mix the rest marinade with 1 teaspoon of honey and brush on the fish.

# 蘇式燻魚 Fried Fish in Suzhou Sweet

# 五香牛肉

**材料：**

牛腱一條約重 12 両，八角 2 粒，花椒粒約 1 茶匙，薑 2 片

**調味：**

老抽 2 湯匙，生抽 ½ 湯匙，鹽少許，糖約 1½ 茶匙，水約 1¾ 杯

**做法：**

① 牛腱洗淨，汆水後取出，沖去血污。用叉略插，使易入味。

② 燒熱 ½ 湯匙油，爆香薑片，放入整條牛腱，灒酒，放入調味和水（必須過面），加入花椒、八角，煮至滾起後改用中火，燜至牛腱入味，肉腍，即成。

**註**

味可較濃。

此為冷盤菜式，牛腱不能燜煮至過份腍，否則難切成片。

## Five Spice Beef

**Ingredients**

1 Beef Shank, approx. 450 g
1 tsp Sichuan Pepper
2 Star Anise
2 Ginger Slices

**Seasoning**

2 tbsp Dark Soy Sauce
Salt, to taste
1¾ cup Water
½ tbsp Light Soy Sauce
1½ tsp Sugar

**Cooking Methods**

① Rinse the beef shank and blanch in boiling water for few minutes. Remove and rinse under running water. Pierce the meat with a fork.

② Heat ½ tablespoon of oil in a wok, sauté ginger slices until fragrant, place the beef shank into the wok, add rice wine, seasoning and water enough to cover the beef shank. Then add star anise and Sichuan pepper. Bring to boil, lower to medium high heat, simmer the beef shank until tender and tasty.

**Tips**

Since this is a cold dish, the flavour can be stronger.

Don't overcook the beef shank. It is difficult to slice if the meat is too tender.

# 閒話百頁千張

「百頁」在北方人口中喜叫「千張」，形容薄，也有好意頭的意思；大概是數不盡千張多的鈔票吧。這都是茶餘飯後的閒話，不需認真求詳。

百頁是用大豆做成的食品，像手帕般一張張的，有營養價值並能吸味。市面上賣的，分厚薄兩種。薄的適宜打成結燜煮，厚的適合切絲炒；薄的可包入碎肉或其他材料做成春卷狀，或燜或煮，是要有少許手藝才能掌握得好的食材。

百頁能吸味，可葷可素。但在用以烹調菜餚前，準備的工夫很重要。無論百頁的厚薄，在做菜之前一定要先用少許「蘇打粉」加熱水浸泡，然後再清洗乾淨才可使用，否則就會太硬且不能吸味。也要留意，不能浸泡太久，否則太軟就無法使用了。當泡百頁的水略呈渾濁，百頁略軟，就可取出用清水洗乾淨，待用。紙上談兵未必容易掌握，大家最好實驗一下，就會領會真實的技巧。

春秧街街市

我們初來香港時（約一九四八年），住北角，買餸菜就一定會去春秧街。記得那時春秧街有兩三間小南貨店（即是香港人稱的「上海舖」），一般的上海食材都有，店主是從上海來的，父親常帶我去這些店購物，使我們依然可以煮出各種家庭上海菜；遠離家鄉還可嚐到家鄉菜，父母親都很高興。當年兄弟姐妹十餘人突然來了香港，且都在發育期，每人每頓兩三碗白飯是閒事，因此飯菜的供應絕不簡單，要量多價錢不太貴，又要能下飯。

記得那時家中常有百頁結燜五花腩肉，喜歡吃肉的可吃肉，其實，好味的是百頁結，因為吸收了紅燒肉的汁。此外，豆腐乾也是好材料，這種外表呈淺咖啡色的小方塊（那年頭一元可買十塊，現在則四元才買到一塊），可切成絲或小粒，配合其他材料同炒，當然配合肉類同燜煮就更好味了。

我在此介紹百頁和豆腐乾及分享這些食材的烹調方法，是希望本地的讀者也能嚐到及欣賞它們的味道；這些豆品還是瘦身的好食材呢！

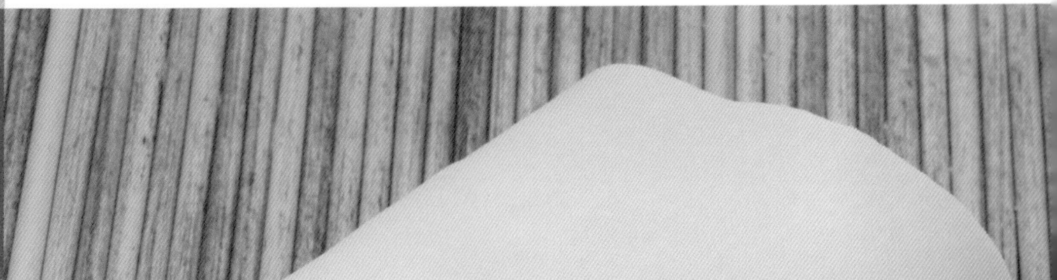

百頁

## 小知識

百頁和豆乾都是豆腐製品，含有豐富的營養成份：蛋白質、維他命B族、不飽和脂肪酸、卵磷脂和礦物質等。
「百頁」是將泡軟的黃豆加水磨成豆漿煮沸濾渣後，加凝固劑凝成「豆腐腦」，用布摺疊壓製成薄片狀，以江蘇徐州與安徽蕪湖的百頁最為有名。
豆腐乾，俗稱「豆乾」，由豆腐經過脫水、壓縮製成。

# 百頁結紅燒肉

# Braised Pork with Beancurd Sheet Knots

**材料：**

腩肉一件約 8 両，百頁結約 10-12 個，乾葱片、薑片各適量

**調味：**

老抽約 2½ 湯匙，鹽少許，糖約 ½ 湯匙，水 2 杯，生抽少許（可隨意）

**做法：**

① 腩肉洗淨，汆水後切件。百頁結汆水後沖淨，用廚紙吸乾水份，待用。

② 燒熱煲，放入油少許，爆香薑片、乾葱，放入腩肉略爆，加入調味，燜煮至滾起。

③ 將百頁結加入，用小火燜至材料腍、汁濃，即成。

## Ingredients

300 g Pork Belly
10-12 pcs Beancurd Sheet Knots
Shallot Slices and Ginger Slices

## Seasoning

2½ tbsp Dark Soy Sauce
Salt, to taste
½ tbsp Sugar
2 cup Water
Light Soy Sauce, to taste

## Cooking Method

① Rinse the pork belly and blanch in boiling water for a while. Cut into bite-size pieces when cool. Blanch the beancurd sheet knots in boiling water and rinse thoroughly, pat dry with kitchen paper.

② Heat some oil in a casserole, sauté ginger slices and shallots until fragrant. Add the pork to fry, pour in the seasoning and bring to a boil over medium heat.

③ Add beancurd sheet knots. Stew over low heat until the ingredients become tender and the sauce has thickened.

### Tips

① 百頁結是用百頁打成的小結形食材，上海店有已做成的。配合肉類同煮後，吸收肉味十分美味。有時百頁結會較硬，先用水滾煮片刻，沖洗後抹乾，再加入肉類中效果更好。

② 燜煮的菜式，調味的份量只是一個大概，供參考而已；燜煮時一定要試味，再加以調整。

① Beancurd sheet knot is a knotted strip of beancurd sheet. You can buy beancurd sheet knots in Shanghainese grocery stores. The beancurd sheet knots in this dish soak up the sauce and become delicious.

② For stew dishes, the amount of seasoning in the recipes is for reference only. You must do taste-test before serving.

(Please note there are two types of beancurd sheet: dry and thin Vs moist and thick. This recipe uses the latter.)

# 百頁結紅燒肉 Braised Pork with Beancurd Sheet Knots

# 難忘的舊日溫情

我第二個女兒出世時，是我比較窮困的日子，主要是半年前她父親患上急性肝炎，我們花費了一半積蓄，正過着節衣縮食的日子；所以，生了孩子沒有所謂的「補身坐月」。從醫院回家只是多了一個孩子，日子照舊的過。

我幾個孩子都是夏天出世，只有二女兒是十二月底出世，雖是香港，也感寒冷。因為生活拮据，一家人多數是吃有些牛肉、豬肉在飯面，簡單的煲仔飯就算了。

那時我們一家只是租住一間房，即是一層樓有幾家人同住，與現在的「劏房」不同，浴室和廚房是共用的；房客們都像家人般相處。我們交租給二房東，他再交給大房東，當中會賺一些，也許算下來自己不用交租吧。我們的房東是潮州人，丈夫做凍肉生意（那時香港剛開始賣冰凍肉類），太太打理家務及照顧孩子，下午還會去汕頭店拿些手繡工作做，很是節儉。房東太太沒有唸過書，所以不識字，看到我會看報紙，又會寫字，很是羨慕及尊敬。我教會她寫自己的名字，她說是一生人最感快樂的事。同屋尚有二位廈門籍的女士，她們的丈夫都在菲律賓工作，每月寄生活費回來給她們，每年只返香港一次。她們也不識字，每次寫信都找我；報酬就是送我一些食物，所以我常會吃到一些她們手製的家鄉食品。

我的房東太太見我產後沒甚麼補身，於是常常藉口說豬肝買多了，將一些豬肝送我，有時還煲些豬肝湯讓我飲用。那個年代，社會貧窮，大家都並不富裕，但心情平和，有情有義，同屋共住，朝晚都見面，互相能體諒，比一家人還親。

再說回豬肝，在物質匱乏的日子，豬肝、肉類、雞都被視為營養補身的食物。俗語有說，雞皮、魚翅、鹹蛋黃都是美味的食物。現在都認為膽固醇過高的關係，很多人都不敢吃雞皮和鹹蛋黃了。在我小時候，「豬肝蒸碎肉」是只有在生病時才會吃到的滋補菜餚，做法是將豬肉剁碎，調味後放碟中，做成豬肉餅，再將豬肝切薄片，調味後放在豬肉餅面，切些老薑絲，放飯面或隔水蒸熟，就可食用。其實當年家中不缺錢，只是父母時常都不在家，一切交給管家，我們這些年紀小的孩子根本就沒有

「話事權」，所以，豬肝肉餅上枱就十分歡喜了。現在我有時候也會做一款「豬肝肉餅」，家中欣賞的人不多，可能他們已不缺美食；倒是我做的「糖醋炒豬肝」很受歡迎。

現在養豬的飼養方法和飼料已不同舊時，內臟如豬肝等並不貴。在烹調方面有要注意的地方，如買回家即煮會有異味，所以一定要將豬肝先浸清水，換水三、四回，除去異味，切片後再浸片刻，然後洗淨並瀝乾，再放醃料一會，處理好才炒煮，這樣就會可口。決不能偷懶的！

「糖醋炒豬肝」是一款好味小菜，尤其是加入雲耳。我的小孫兒很懂得享受美食，但又很注重保健，每次吃完我煮的「糖醋炒豬肝」就會對我說：「不要吃太多內臟，膽固醇會高」，我就會指出他剛才連汁都用來撈飯，又不怕膽固醇嗎？他很快就答我：「幾個月吃一次，不怕」。年輕人就是這樣了！世界上無論甚麼事都是適可而止，雖是老話，總有一定道理。

遷出租房多年後，我曾到二房東的店中打聽到我的那位老鄰居的消息，曾和她通

香港舊式大廈，單位櫛次鱗比，住戶關係密切。

過一次電話，原來我們的孩子都長大成人了，大家都生活得比以前好。她知道我有名氣，收到電話很感驚喜；而我一直都記住她以前的恩情，很感溫暖。

小知識

## 豬肝的營養價值

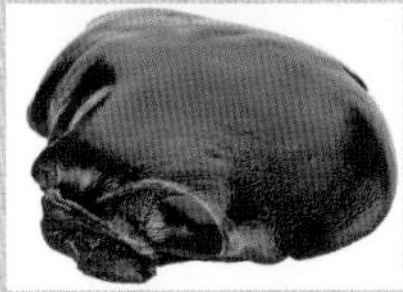

豬肝含豐富的血紅素鐵、維他命A、維他命B族及葉酸，還有卵磷脂、鐵、磷等營養素，是常用的補血食物。有研究指出，每100克豬肝含有維他命A接近5000μg，成年人一天服用的豬肝大約為16克就可以滿足人體一天的需求了，若長期過量食用可引起維他命A慢性中毒。

# 糖醋炒豬肝

## Sweet and Sour Pork Liver Stir Fry

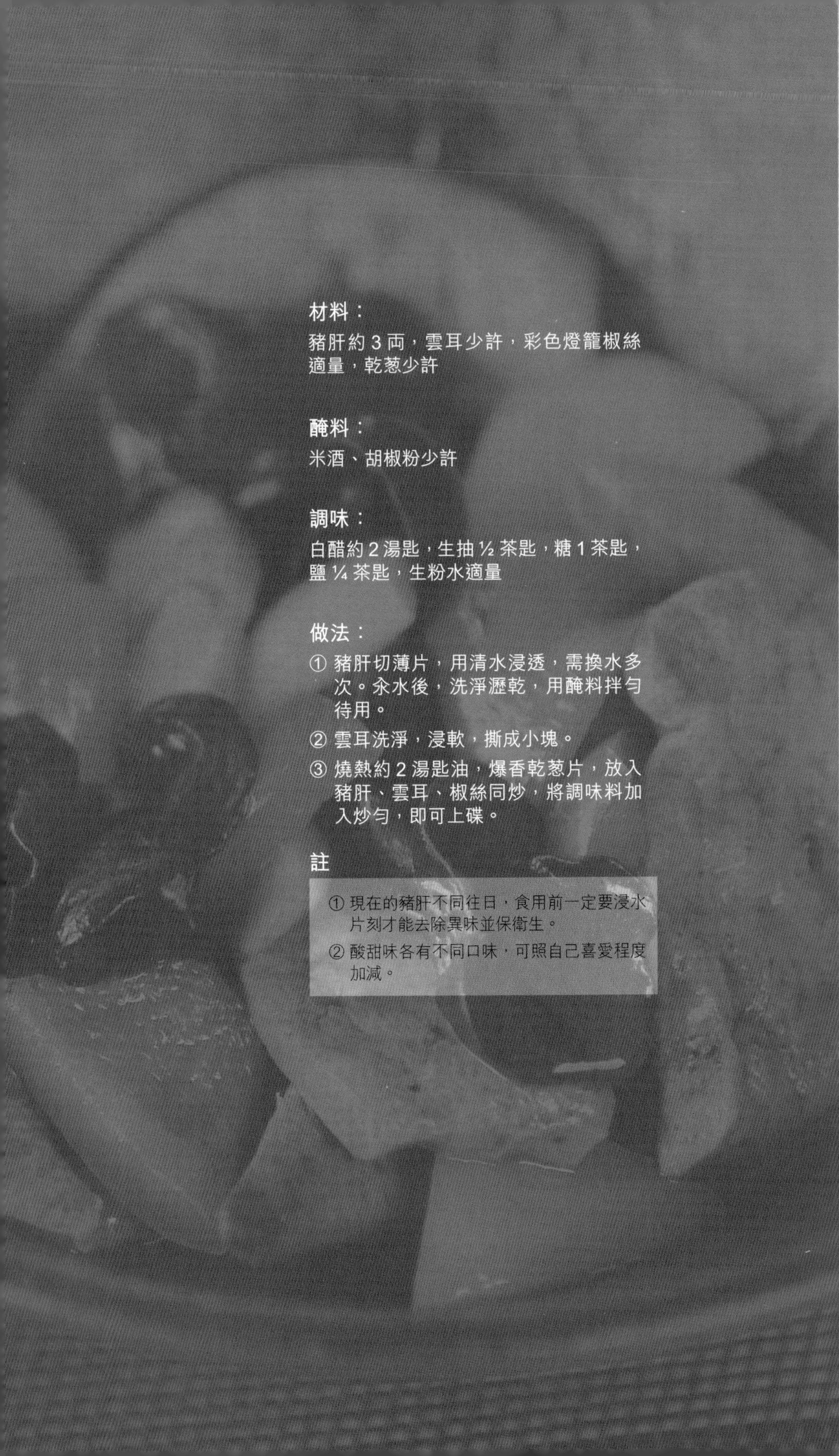

**材料：**

豬肝約 3 両，雲耳少許，彩色燈籠椒絲適量，乾葱少許

**醃料：**

米酒、胡椒粉少許

**調味：**

白醋約 2 湯匙，生抽 ½ 茶匙，糖 1 茶匙，鹽 ¼ 茶匙，生粉水適量

**做法：**

① 豬肝切薄片，用清水浸透，需換水多次。氽水後，洗淨瀝乾，用醃料拌勻待用。

② 雲耳洗淨，浸軟，撕成小塊。

③ 燒熱約 2 湯匙油，爆香乾葱片，放入豬肝、雲耳、椒絲同炒，將調味料加入炒勻，即可上碟。

**註**

① 現在的豬肝不同往日，食用前一定要浸水片刻才能去除異味並保衛生。

② 酸甜味各有不同口味，可照自己喜愛程度加減。

## Ingredients

100 g Pork Liver
Some Black Fungus
Bell Pepper Shreds
Shallots

## Marinade

Rice Wine
Pepper, to taste

## Seasoning

2 tbsp Rice Vinegar
½ tsp Light Soy Sauce
1 tsp Sugar
¼ tsp Salt
Cornstarch Water

## Cooking Methods

① Cut the pork liver into thin slices and soak in cold water, changing water several times. Blanch the pork liver slices, rinse and drain. Marinate with rice wine and pepper, set for a while.

② Wash and soak black fungus. Tear into small pieces.

③ Heat 2 tablespoons of oil in a wok, sauté shallots until fragrant. Add pork liver slices, black fungus and pepper shreds to stir fry. Stir in seasoning, mix well. Serve with rice.

## Tips

① Soak pork liver before cooking to remove odor.

② Owing to individual preferences of sweet and sour flavours, you may adjust the amount of seasoning accordingly.

# 從冷盤憶起舊事

現在說來應是近卅年前的事了。那時我在家政中心教烹飪，來學的是一班有錢太太們。中心的經理是鄧蓮如女士[①]的妹妹鄧惠如女士，來學的太太都是鄧氏姐妹的相識或好友。這些太太們是來捧場及與閨密相聚的，因此氣氛十分好。我負責的是上海菜。那時上海菜還不是太普及，這班太太們當然都吃過上海菜，對上海菜有興趣，例如醉雞、獅子頭、鱔糊及一些家庭小菜都是她們想學的。

大家較熟識的上海菜會是醉雞，我告訴她們這是冷盤菜式，可以醉整隻醉雞，但最好是半隻，因為醉太久會不好味，酒醃得過久會帶苦味，同時冷盤可說是前菜，只

① 鄧蓮如女男爵，DBE，JP，早在一九六四年加入太古集團，現為英國太古集團執行董事；另外亦曾自一九九二年至二〇〇八年出任滙豐控股有限公司副主席，與英資企業有着密切關係。憑藉其在商界的豐富經驗，她曾經自一九八三年至一九九一年出任香港貿易發展局主席，向外推廣香港貿易。自一九七〇年代末至一九九〇年代初活躍於香港政壇，先後任行政及立法兩局首席非官守議員。

能小份才顯精緻，不能斬整隻上碟。

會煮是手藝，懂得吃是藝術也可說是學問。我曾向這班太太們介紹過海蜇皮與海蜇頭，她們大感興趣，但不太熟悉。其實上海人對於拌海蜇皮、拌海蜇頭都是很普遍的吃法，也有人將海蜇頭煲湯。據說，有化痰的功效。小時候彷佛也飲用過，現在想來真是浪費美食。我喜歡用蘿蔔絲拌海蜇皮，曾向這班太太學生介紹過。開始她們很抗拒，感覺白蘿蔔生吃太寒涼，又會破氣。我對她們說，我們在北方及上海長大的人從來沒有如此說法；當然我不會反對你們的習慣和說法。我們習慣生吃，有驅火氣、清熱功效，北京人還喜歡叫青蘿蔔和白蘿蔔為「辣梨」，有時還當做水果食。

蘿蔔絲拌海蜇是冷盤，也可稱為前菜。我喜歡用麻油及少許生抽拌；有些人喜歡在上面放蔥粒，然後濳滾油在蔥面，再加調味拌勻。更有人用鎮江醋、生抽、麻油、糖同拌勻成適合自己口味的甜酸味道，先拌入海蜇皮中使入

海蜇頭

味，再加入白色的蘿蔔絲（蘿蔔絲先放鹽醃至軟，揸乾後才能用）同拌勻。所以同樣的材料，可有不同的效果。

記得小時候住在上海時，姨母、姑媽們來探望父母時，總會帶些她們的手藝食品做手信，並驕傲地對母親說：「你們家的廚師也不及我的手藝……」母親總是除多謝外，一笑置之。現在想來母親很懂得姑嫂相處的方法和道理。不過，那時代的人是懂得包涵，不是開口就「吵架」，因為沒有修養的人是會被恥笑及不受尊敬的。

時間快如飛，轉眼已是卅多年前的事了。相信那些和我齊學烹飪的太太小姐們應都安康。人生就是那麼奇妙，當年親熱熟悉的相聚、相識，如今不但各散一方，也很難再會相遇（只有一位太太去了美國我們仍有聯絡）。我衷心祝福大家如意、吉祥！至於我，這三十年來，經歷了很多事，令我明白一些事，更學懂一些事，有慶幸和歡笑，也有眼淚和哀傷，已無暢所欲言的對象，更無此種精神和興趣了。我能做和想做的，就是做好每一天應做的事；我每天都盡力和努力，希望你們也一樣。當然，我也希望有一天能重遇以前這些老朋友。

心裏美青蘿蔔

**小知識**

蘿蔔是十字花科蘿蔔屬草本植物，根部是最常見的蔬菜之一，但實際上整株植物均可食用。常見的蘿蔔有白蘿蔔和青蘿蔔（青皮紅心的稱為「心裏美」）。白蘿蔔又名「耙齒蘿蔔」，日文稱為「大根」；適合蒸、煮、炆、炒或作為湯料。青蘿蔔在香港常作為湯料，其實還可以醃漬和生食。紅蘿蔔與蘿蔔在植物學分類上是不同科屬的。

蘿蔔含有豐富的醣類、維他命A、B、C、D、E及多種酶等營養素，其中以白蘿蔔最多。蘿蔔亦含豐富膳食纖維，可促進腸臟蠕動，有助消化，防治便秘。中醫認為蘿蔔性涼，有清熱氣、解毒的功效，但體質虛寒人不宜進食太多，否則容易脹胃。白蘿蔔、紅蘿蔔都對健康有益，不過兩者同吃的話卻會抵消其食療效果。

# 蘿蔔絲拌海蜇

## Jelly Fish and Radish Salad

**材料：**

乾海蜇皮 1 張、白蘿蔔 ½ 隻、甘筍絲少許（隨意）

**調味：**

麻油 ¾ 湯匙、生抽 1½ 湯匙、糖 ⅓ 茶匙

**做法：**

① 乾海蜇皮洗淨，用清水浸至鹹味減淡（期間要換水一兩次），洗淨，切成粗絲，用大熱水汆水後撈出，再用冷水浸至發透，吸乾水份，待用。

② 蘿蔔去皮切細絲，加入鹽約 ½ 茶匙拌勻，使蘿蔔絲軟，擠去水份，待用。

③ 將蘿蔔絲與海蜇皮絲混合，再加入調味料和甘筍絲同拌勻，放入雪櫃冷藏片刻，即成冷盤菜式。

### Ingredients

1 pc Dried Jellyfish

½ Radish

Some Shredded Carrot (optional)

### Seasoning

¾ tbsp Sesame Oil

1½ tbsp Light Soy Sauce

⅓ tsp Sugar

### Cooking Method

① Wash and soak the dried jellyfish in cold water, change water several times. Drain and julienne the jellyfish. Blanch it in hot water briefly, remove and soak in cold water. Drain and pat dry with kitchen paper.

② Peel and julienne the radish. Combine ½ teaspoon salt with the radish shreds. When the radish shreds has softened, squeeze to remove excess water.

③ Mix the jellyfish julienne and radish shreds, add seasoning, carrot shreds and mix well in a large bowl. Place in the fridge for an hour and serve.

Tips

① 海蜇皮的處理是比較困難，必須浸透，汆水時間要快速。

② 蘿蔔絲不加海蜇皮也可獨立成為冷盤，以用糖醋（白醋）調味佳；蘿蔔絲拌海蜇也可拌成糖醋味，用鎮江醋為佳。

① Preparing dried jellyfish is not an easy task. It must be soaked thoroughly and blanch quickly.

② Marinated radish shreds in rice vinegar without jellyfish is a delicacy as well. You may also prepare the jellyfish and radish salad in sweet and sour flavour by adding Zhenjiang fragrant vinegar.

# 蘿蔔絲拌海蜇 Jelly Fish and Radish Salad

# 腐皮卷

**材料：**

圓形腐皮 1 大張，剁碎豬肉約 3 両，冬菇 4 隻，白菜仔約 4 両

**餡調味：**

生抽 2 茶匙，鹽 ¼ 茶匙，麻油、生粉各少許

**腐皮卷調味：**

生抽 ½ 湯匙、老抽 2 茶匙、糖 1 茶匙、水 ½ 杯

**做法：**

① 將腐皮用微濕布抹淨，剪成 8 至 10 小件，待用。

② 冬菇浸透，切成小粒；白菜仔用滾水拖煮至軟身，沖凍水，剁碎，擠乾水份。

③ 將碎豬肉放大碗中，加入餡調味料、冬菇粒和剁碎的白菜，同攪拌均勻成餡料。

④ 將適量餡料放在小件腐皮上，包成春卷狀。

⑤ 用少許油將腐皮卷略煎，注入調味煮至熟透即成。

**註**

腐皮遇水易爛，所以一定要先煎；而腐皮易焦，所以煎時也要注意。

# Beancurd Sheet Rolls

## Ingredients

1 Round-shaped Beancurd Sheet
110 g Minced Pork
4 Shitake Mushrooms
150 g Pak Choi

## Seasoning for Fillings

2 tsp Light Soy Sauce
1/4 tsp Salt
Sesame Oil, to taste
Corn Starch

## Seasoning for Rolls

½ tbsp Light Soy Sauce
2 tsp Dark Soy Sauce
1 tsp Sugar
½ cup Water

## Cooking Methods

① Wipe the beancurd sheet with a damp cloth. Cut into 8 to 10 squares.

② Soak and dice the shitake mushrooms. Blanch the pak choi in boiling water briefly, rinse under running water until cool, chop and squeeze excess water.

③ Mix minced pork, mushroom and chopped pak choi in a large bowl, combine with seasoning for fillings, stir well.

④ Place fillings on a piece of beancurd sheet. Fold the beancurd sheet to envelop shape and seal with water.

⑤ Heat oil in pan and pan-fry the rolls until golden brown. Pour in the seasoning and stew until cooked through.

## Tips

Beancurd sheet breaks easily in water, so we must pan-fry it before cooking with sauce. And you should pay attention to the pan-frying rolls to avoid getting burned.

# 穿衣吃飯

有説「做官三代，才曉穿衣吃飯」，聽來似乎刻薄尖酸，但也是真話和實情。江山是打出來的，尤其是軍閥年代；以前能做官，一定有一番「能耐」，要有學問、有武力、見過世面。雖説霸道，但也能支撐大局，幹一番事業。如今在香港已沒有官了，只是公務員罷了。要真能有見識，就要看成長背景及個別的修養了。

當然時代不同了，尤其是香港這個自由社會更是隨心所欲，不侵犯他人就行了。不過我認為兒女養大後，總望他們能有獨當一面能主持大局的工作，因此從小就應教導許多規矩及吃的禮節，點菜的技巧，因為他們長大後在工作的應酬上，總會用到。例如冷盤是前菜，另有主菜和主食，甜品是最後，順序不容差錯。除非是特別情況，否則點心類是不能作為主菜的。當然，熟朋友相聚就不必拘禮了。兒子在中國工作多年，常有生意上的應酬，被同事譽為最會點菜和招呼客戶的人；去外國開會後，那些「老外」都很欣賞他能帶美食給大家。這些生活上的小技巧，不但能使夥伴開心，也會帶來工作上的輕鬆和順利。

至於服飾方面，不但要看場合，更以端莊為主，可以摩登，但又不能過份。最重要是不能超越當天的主角，搶鏡頭的事千萬不能做。再說，在工作場合更不要威過上司或老闆。尤其年輕的女性太花枝招展都是得不償失的；可惜很多美女都不明白。

在家庭中，主婦這份工作是並不易做的。現代小夫妻大多數是各有工作，除早餐外，大多數兩餐都在外吃，長久下來對身體不好，也會影響夫婦之間的感情。無飯家庭更大的隱患是令小家庭少了家的感覺，漸漸淪為一種同屋共宅的關係。家有孩子的話，更不宜天天外食，所以我

我在電視台擔任烹飪節目主持人

的方法是會煮一至兩款主菜，然後臨時加些炒菜或滾湯類。主菜以紅燜最好，因為不會變味，翻熱也沒問題。記得我最忙的時候，寶兒尚讀大學，我擔任亞視及新加坡電視二台的烹飪節目主持，每個月飛二次新加坡共逗留一星期做錄影，返港即接上香港的工作，還加上負責一本雙週刊的烹飪內容工作。那時，我只請一位負責洗熨清潔的半日家務助理，兩頓飯都無定時。為了讓寶兒晚上能吃好些，我就煮些紅燜的菜式，例如梅菜燜肉排、百頁結燜豬肉、煙魚、八寶辣醬等，可預先煮好及可放置的菜，可配飯也可配麵，好吃又方便。如今回憶起當年的努力工作，也感可怕。平均每天只睡五、六小時，每月要寫一百個食譜，再加上外來的一些零散工作，整個上午家中的電話比股票行還多。整天都是工作！

有一天我發高燒病了，也不知是甚麼問題。那時只有寶兒在香港，她嚇得哭了。為了不使寶兒擔心，我們去了一個相熟的醫生處。醫生只說：「回家睡覺，兩天之內，除睡覺外，甚麼都不能做，甚麼藥都不用吃。」睡了一天一夜，也沒進食，就好了。我在亞視工作二十多年，只告過兩次假，一次是喉嚨發炎，出不得聲，另一次是腹瀉。真應得勤工獎！大家都說，我和驃叔（董驃先生）是亞視薪水最高的，亞視這

樣的公司能給高薪，必定是物有所值了。

很多人只看到別人的收穫，看不到別人日曬雨淋耕種的日子，我從不羨慕別人的收穫，但我敬重別人的耕種與付出。

# 五香豆乾燜肉排

## Stewed Pork with Dried Beancurd

**材料：**

五香豆腐乾 3 件，肉排約 ½ 斤，薑片、乾葱各適量

**調味：**

老抽 2 湯匙，生抽、鹽各少許，冰糖碎 ½ 湯匙，水約 1 杯左右

**做法：**

① 肉排洗淨，斬成塊狀；豆腐乾對切成四件小三角形。

② 在煲中放少許油燒熱，放入薑片、乾葱，肉排略爆，灒入紹酒少許，放入調味，加水（過面的水份即成）煮至滾起。

③ 將豆腐乾加入，用中火煮片刻，再改用小火燜煮，至材料腍、汁濃縮，即成。

**Ingredients**

3 pcs Spiced Dried Beancurd

300 g Pork Loin Ribs

Ginger Slices and Shallots

**Seasoning**

2 tbsp Dark Soy Sauce

Light Soy Sauce and Salt, to taste

½ tbsp Crushed Rock Sugar

1 cup Water

**Cooking Method**

① Rinse the pork ribs and cut into bite-size chunks. Cut the dried beancurd diagonally into 4 pieces each.

② Heat some oil in casserole, sauté ginger slices, shallots and pork ribs, sprinkle wine and add seasoning. Add enough water to cover all the ingredients and bring to a boil.

③ Add dried beancurd and cook over medium heat for a while, then lower the heat and stew until the ribs become tender and the sauce has thickened.

Tips

① 燜煮的菜餚比炒菜略難，所費時間較長，主要視乎材料需煮的時間，所以火候很重要。燜煮的菜因火候關係，調味可在煮成後試味，再調至個人合適的口味。

② 五香豆腐乾在上海南貨店有售，煮成後比肉排更好味，不妨一試。

① Stews take longer time in cooking. The technique of stewing is more complicated than stir frying. Flavour may have minor changes according to the cooking time and the texture of ingredients, the amount of seasoning in this recipe is for your reference only. You must do taste-test before serving.

② Spiced dried beancurd can be found in Shanghainese grocery stores. In this dish, the dried beancurd soaked up the sauce and taste more delicious than the ribs.

# 五香豆乾燜肉排 Stewed Pork with Dried Beancurd

# 鱔筒燜肉

## Pork and Eel Stew

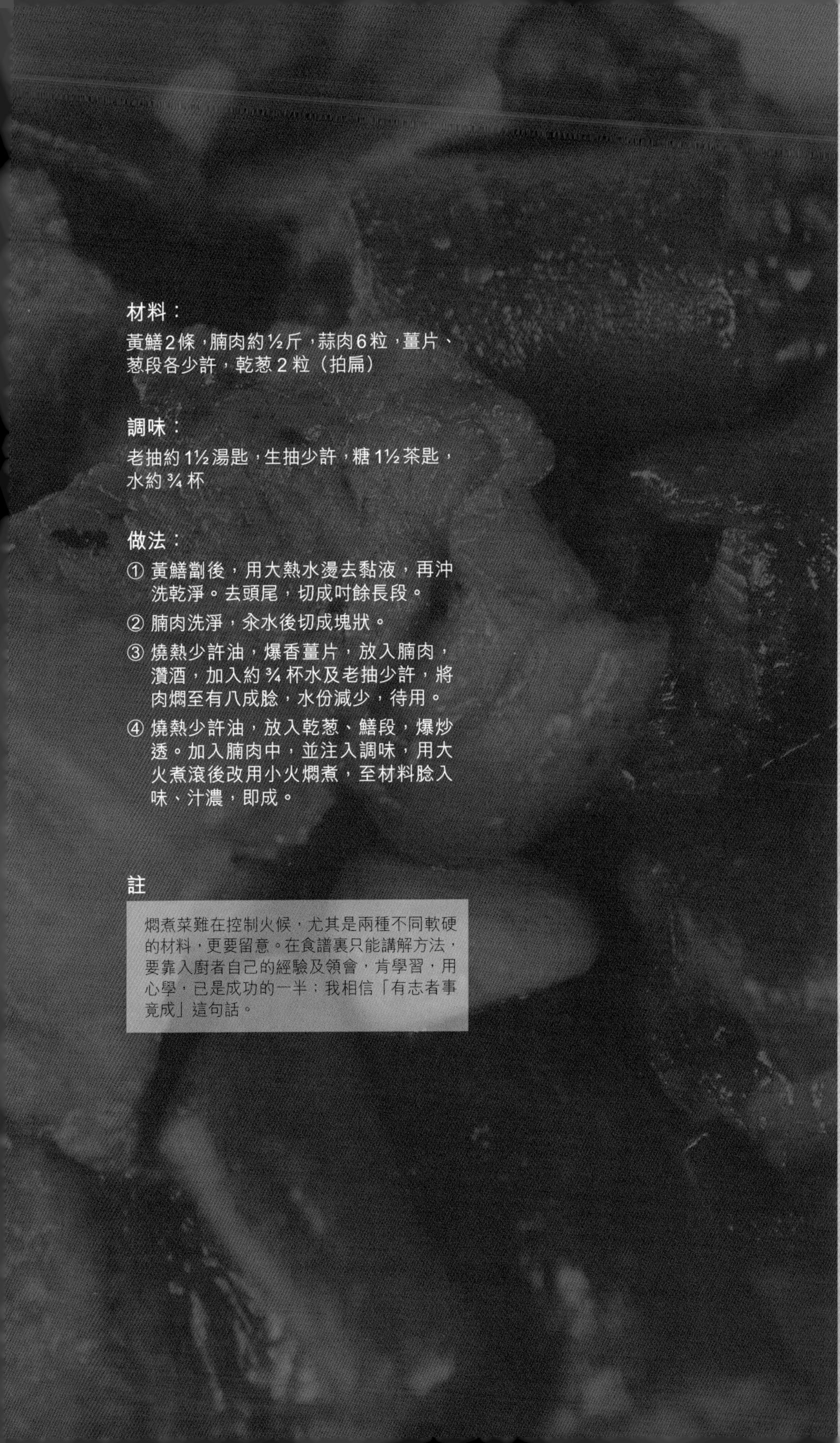

**材料：**

黃鱔2條，腩肉約½斤，蒜肉6粒，薑片、葱段各少許，乾葱2粒（拍扁）

**調味：**

老抽約1½湯匙，生抽少許，糖1½茶匙，水約¾杯

**做法：**

① 黃鱔劏後，用大熱水燙去黏液，再沖洗乾淨。去頭尾，切成吋餘長段。

② 腩肉洗淨，汆水後切成塊狀。

③ 燒熱少許油，爆香薑片，放入腩肉，灒酒，加入約¾杯水及老抽少許，將肉燜至有八成腍，水份減少，待用。

④ 燒熱少許油，放入乾葱、鱔段，爆炒透。加入腩肉中，並注入調味，用大火煮滾後改用小火燜煮，至材料腍入味、汁濃，即成。

**註**

燜煮菜難在控制火候，尤其是兩種不同軟硬的材料，更要留意。在食譜裏只能講解方法，要靠入廚者自己的經驗及領會，肯學習，用心學，已是成功的一半；我相信「有志者事竟成」這句話。

## Ingredients

2 Mud Eels
300 g Pork Belly
6 cloves Garlic
Ginger Slices
Spring Onion Sections
2 Shallots, crushed

## Seasoning

1½ tbsp Dark Soy Sauce
Light Soy Sauce, to taste
1½ tsp Sugar
¾ cup Water

## Cooking Methods

① Buy live eels from market and ask fishmonger to help slaughtering. To remove the slime from the eel, blanch the eels with boiling water. Rinse thoroughly. Remove the head and tail, cut into about 1-inch long chunks.

② Rinse and blanch the pork belly. Cut into small pieces.

③ Heat some oil in wok, sauté ginger slices until fragrant. Add pork and stir fry briefly. Sprinkle wine and add ¾ cup of water and some dark soy sauce, stew the pork until soft and sauce has reduced.

④ Heat some oil in wok, sauté shallots and eel chunks until fragrant. Combine with pork in casserole, add seasoning and bring to a boil. Lower the heat and stew until the ingredients become very tender and sauce has thickened.

Tips

The essence of making good stew is timing, especially when ingredients used are of different textures. I strongly believe that practice makes well.

# 懂得吃的小孫兒

我的小孫兒因為他的父母要去外地工作的原因，由六歲起就與我同住，直到入大學。我身為祖母，擔負起做母親的責任，照料孫兒的起居飲食及讀書等瑣事，此外還要帶他去參加許多課外活動，例如學游泳、踢球、打功夫等，絕不簡單和清閒。記得有一次我和客戶開會，他不停打我手機問我幾時才回家，因為第二天要測驗，希望我幫他溫習；當時和客戶商談工作上的事情，使我感到十分難堪，再三向客戶道歉。想不到客戶卻說：「我們明天上午再談吧，孩子做功課要緊。」我常說自己幸運，就是多遇「貴人」，在工作上遇到的老闆們個個都待我好，我很珍惜，所以在工作方面我也一定竭盡所能。

小孫兒大約六、七歲時已很懂得欣賞美食。例如大閘蟹，他就很喜歡，並懂得一定要蘸鎮江醋才好吃；不是所有的醋皆適合。孫兒的懂得吃，當然和成長在怎樣的家庭有關，但有部份我感覺是上天特別給他的一種福份。我的父親懂得吃，他們那一代天下是自己打拚出來的，當有成就掌握一地時，就像小皇帝般！甚麼沒見過沒吃過？所以我們常感覺小孫兒是太公來投胎的，當然這是家中各人對先父的懷念，一種戲言，不用認真。每一個家庭總會有些家中人的語言，家人會明白，外人不必介懷當真。不過小孫兒對美食懂得欣賞和分析卻不是同齡孩子都能做到的。

記得有一次，一位長輩帶他去吃晚飯，回家後他告訴我吃了一款菜很好吃也特別。是將花蟹斬件放在「河粉」面加上花雕酒同蒸熟，雖簡單卻很美味。第二天我照他講的方法，做了花蟹蒸河粉，孫兒說，我做的上枱「賣相」比他吃過的好。因我將花蟹斬件，再排回成整隻花蟹狀放河粉上，然後淋上少許葱油；但缺點是搶去花雕的酒香味。他的批評當時令我很驚訝！

孫兒在香港唸完中學去美國讀大學。在美國與同學比誰也能煮出好味的食物——意粉、煎牛扒都難不倒他，甚受同學讚賞。其實懂得吃的人，一定容易學會煮。

時間常在不經意下溜走，小孫兒現已在新加坡工作，已經廿多歲了。他常笑對家人說，在嫲嫲心中他只有八歲。在父母長輩心中能永遠做孩子，實在是一種福氣，就像還有人叫你乳名一般。

小孫兒很喜歡甜酸味的菜式。我煮的「鎮江排骨」、「糖醋炒豬肝」等甜酸味道的菜餚，每次剩下的汁液他都要留着，並説拌飯也好味。現在每次去新加坡，我也會為他煮一些他喜歡的食物。他也會説起小時候和我相處時的一些舊事。當年家中只有我和孫兒及菲傭，我不想他對我有懼怕之心，所以，我對孫兒説，希望能和他像好朋友般相處，大家坦白、有商量，孫兒也同意。當他漸漸長大，會和朋友去夜街，我就會限他幾時一定要回家，他就會生氣並説：「你又説是我朋友，都不明白我！」我就回答他：「現在這一刻是祖母，不是朋友；所以，我説的才能作準。」他雖然生氣，但也沒辦法。我們要疼愛孩子，但更要教導孩子，在適當的時候要保持自己的尊嚴，當然也要管束自己的言行。

記得有一次，我訴説兒子一些瑣事，小孫兒聽到就護住自己父親，對我説：「嫲嫲，你不可以這樣説我父親，我父親管理一間公司，是『總裁』身份。」我聽了有些生氣，就對孫兒説：「他是我兒子，就算是皇帝，我也是這樣説他。」想不到小孫兒

我和孫兒像好朋友般相處

說：「如是皇帝，你就會被殺頭了！」我就回他：「如他是皇帝，我就是皇亞媽。誰敢殺我？」小孫兒當時就沒話說了。現在想來真是可愛和可笑的對話。

時間飛逝，小孫兒如今已在新加坡一間電腦公司工作。回憶起他年幼在我身邊的日子，真是十分懷念和不捨。雖然我付出時間心機照顧他，但我享受到看着孫兒長大變化的過程。我在照顧兒女長大時，自己還年輕沒有經驗，一切都是在摸索中學習。和孫兒相處，已年老，有和孩子相處的經驗，且身份不同，這種感情只有當事人才能真正體會到。祖孫兩代相處，其實是孩子長大時最適合的「中間人」，可惜許多年輕夫婦不能明白。不過，做祖父母的一定要用理智教導及與小孩子相處，不能過份的「寵」和「縱」；只有這樣才會教出有「智慧」的孩子。我和小孫兒感情很好，每星期日他都會和我通一次長途電話，除了報平安也會閒話家常，這都是從日常生活中學會的。

# 花雕蟹蒸河粉

# Steamed Crab and Flat Rice Noodle

**材料：**

花蟹 1 隻，河粉適量，薑葱各少許，上湯 ½ 杯，花雕酒約 4 湯匙

**調味：**

鹽少許

**做法：**

① 花蟹劏後斬件，留蟹蓋完整，待用。

② 河粉略用熱水沖洗，瀝乾上碟，待用。

③ 燒熱少許油，爆香薑葱，放入蟹略炒，加入上湯和調味料，放入花雕酒拌勻，盛放在河粉面。隔水蒸至熟透即成。

## Ingredients

1 Flower Crab

Some Flat Rice Noodle (Ho Fan)

Ginger Slices and Spring Onion

½ cup Stock

4 tbsp Huadiao Wine

## Seasoning

Salt, to taste

## Cooking Method

① Remove the carapace, discard gills and mandibles, cut the body into large chunks.

② Rinse the flat rice noodle in hot water briefly, drain and set on a plate.

③ Heat some oil in a wok, sauté ginger slices and spring onion until fragrant. Stir fry the crab pieces, add stock and seasoning, pour in Huadiao wine and stir well. Transfer all the cooked ingredients on the rice noodle. Place the crab carapace on top. Steam over high heat until cooked through.

Tips

海鮮類必須煮熟，才能確保腸胃安全。蟹煮的時間不久，所以與河粉再同蒸，味佳且能熟透。

For food safety, seafood must be completely cooked. Steaming semi-cooked crab with flat rice noodle is a safe way for cooking, and the rice noodle will be more delicious after soaking up with crab juice.

## 花雕蟹蒸河粉 Steamed Crab and Flat Rice Noodle

# 鎮江骨

**材料：**

肋排約 12 両，薑片、乾葱片各少許

**醃料：**

生抽 1½ 湯匙，胡椒粉少許

**調味料：**

老抽 1½ 湯匙，鹽少許，冰糖碎約 1⅓ 湯匙，水約 1½ 杯，醋約 2 湯匙（後下）

**做法：**

① 將肋排洗淨，斬成吋餘長段，放入醃料拌勻，待用。

② 燒熱少許油，將肋排略煎，至外呈金黃色，放入薑片和乾葱片，灒少許酒。然後注入調味料（醋除外），煮至滾起，用小火煮至材料腍、汁收濃。

③ 試味後，可再加入醋少許，即成。

**註**

醋久煮會減酸味，所以最後才下，份量可依個人口味增減。用鎮江醋有香味、較可口。

# Braised Spare Ribs in Black Vinegar Sauce

## Ingredients

450 g Spare Ribs
Ginger Slices
Shallot Slices

## Marinade

1½ tbsp Light Soy Sauce
Pepper, to taste

## Seasoning

1½ tbsp Dark Soy Sauce
Salt, to taste
1⅓ tbsp Crushed Rock Sugar
1½ cup Water
2 tbsp Zhenjiang Vinegar (to be added at the end)

## Cooking Methods

① Rinse the spare ribs, cut into bite-size chunks. Combine with marinade, mix well.

② Heat a wok with some oil, fry the spare ribs until golden brown. Add ginger and shallot slices, sprinkle wine and stir well. Pour in seasoning, except vinegar, and bring to a boil. Lower the heat and cook until the spare ribs are tender and sauce has thickened.

③ Taste-test and add the vinegar. Serve.

### Tips

The sourness of vinegar will be reduced during cooking, so add vinegar just before serving. Zhenjiang Vinegar is a black vinegar with fragrance which enhances the flavour of this dish.

# 招待不速之客

在香港被人邀請至家中吃飯的機會比較少，我想除居住環境之外，一般人也嫌麻煩，俗語有說：「如果你想忙一年，就搬一次家；如果你想忙一星期，就請一次客。」雖然有些誇張，但也是實情。

但在我小時，初由北京搬回上海，那時還未搬去「憶定盤路」的大宅，母親帶我們住在法租界沿馬路的房子。父親不常在上海，總是來去匆匆，家中尚有二名女傭。母親除自己讀書、做義工外，大部份時間都會在家中。那時常會有些不速之客在吃飯時間來了，有些是父母的朋友（比較熟的），有時是姑媽、舅父類。在準備開飯時來客，總要加些菜才是，我母親是很節儉的，我見到的就是用「雞蛋」來加菜，我想那個年代雞蛋應該也是很珍貴的食材。

上海女人總有精緻的一面，在煎荷包蛋時，也會加上心思，會將雞蛋煎成半圓形，蛋汁還剛熟，咬時有蛋汁流入口中，再配上青、紅椒絲，如沒有椒絲，就放較多的葱絲，然後加入糖醋汁，可說色、香、味俱全。上枱時令人不感覺只是簡單的雞蛋，因為心思有受寵的感覺，更不會有簡單「怠慢」的感覺了。如今，我家中如有突來的賓客，我也會煎糖醋荷包蛋，我的小孫兒更是欣賞，每次總說，多些糖醋汁多來二隻蛋。說起雞蛋很多人都不敢吃，害怕膽固醇，其實，雞蛋營養價值高易消化、易吸收，適量進食，並無大礙。

其實，人與人相處，有門子可串，家中會來不速之客，都是開心事。可能香港人太忙碌，人情也淡薄了；挨門對戶都未必能認識，反而不及當年一層樓數伙人同住那樣熟絡。更何談守望相助？社會進步，得些又失些，奈何！

# 糖醋荷包蛋

## Sweet and Sour Fried Eggs

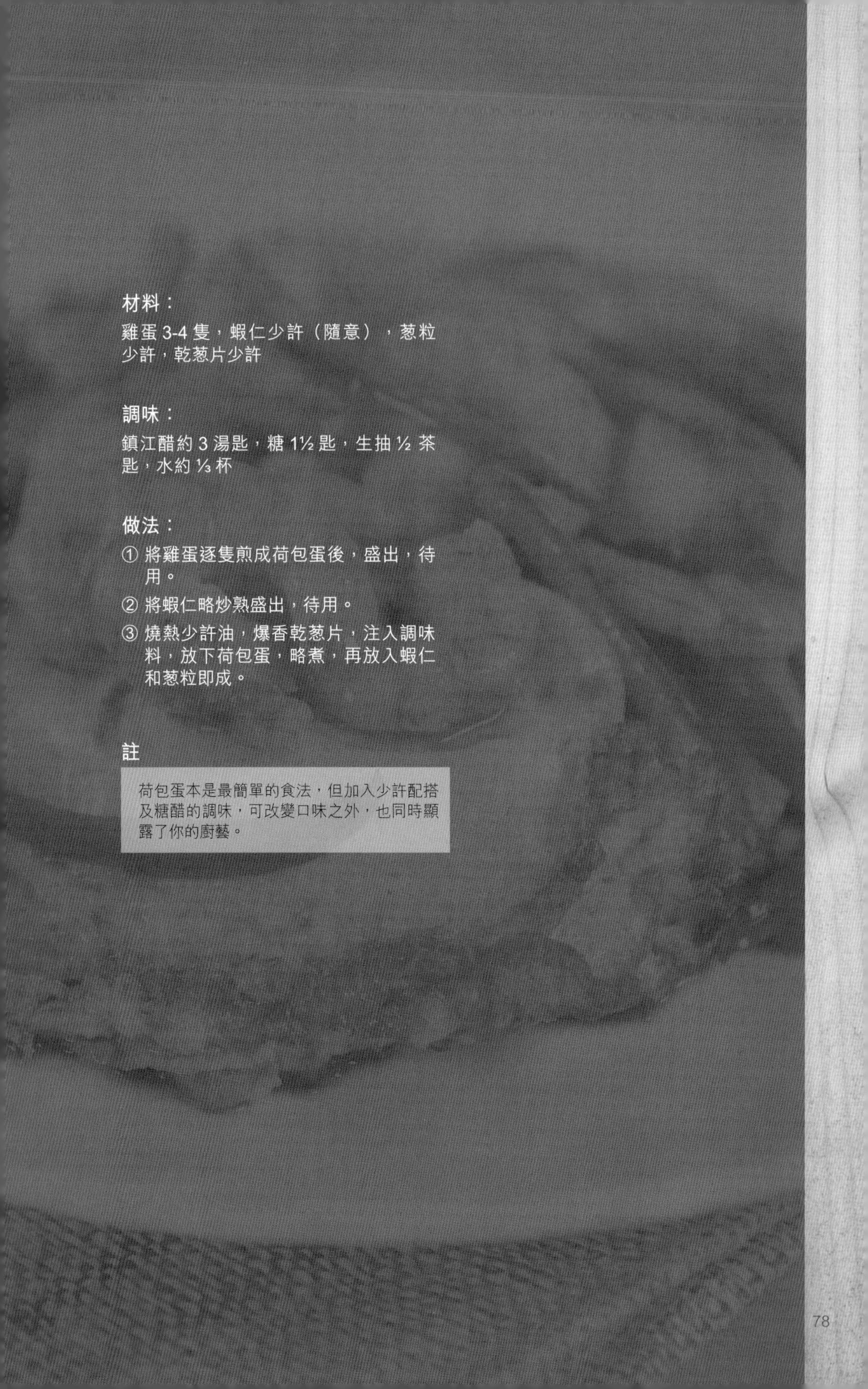

**材料：**

雞蛋 3-4 隻，蝦仁少許（隨意），葱粒少許，乾葱片少許

**調味：**

鎮江醋約 3 湯匙，糖 1½ 匙，生抽 ½ 茶匙，水約 ⅓ 杯

**做法：**

① 將雞蛋逐隻煎成荷包蛋後，盛出，待用。

② 將蝦仁略炒熟盛出，待用。

③ 燒熱少許油，爆香乾葱片，注入調味料，放下荷包蛋，略煮，再放入蝦仁和葱粒即成。

**註**

荷包蛋本是最簡單的食法，但加入少許配搭及糖醋的調味，可改變口味之外，也同時顯露了你的廚藝。

## Ingredients

3-4 Eggs
Shelled Shrimps (Optional)
Chopped Spring Onion
Shallot Slices

## Seasoning

3 tbsp Zhenjiang Fragrant Vinegar
1½ tbsp Sugar
½ tsp Light Soy Sauce
⅓ cup Water

## Cooking Methods

① Fry egg one by one. Set fried eggs on a plate.

② Stir fry the shrimps until cooked. Remove and set aside.

③ Heat a wok with some oil, sauté shallot slices until fragrant. Pour in seasoning, add eggs to cook briefly, stir in shrimps and chopped spring onion. Serve.

### Tips

Fried egg is a basic and essential recipe in most families. Adding more ingredients and a sweet and sour sauce can enhance the flavour and show your talent in cooking.

# 回鍋蛋

## Twice Cooked Egg

**材料：**

雞蛋 3 隻，金針、雲耳各少許，蝦仁約 2 湯匙，乾葱片少許

**調味汁料：**

生抽 2 茶匙，老抽 ¾ 湯匙，糖 ¾ 茶匙，水約 ¾ 杯

**做法：**

① 金針、雲耳浸透，洗淨，瀝乾水份，待用。

② 蝦仁加入生粉少許，拌勻，待用。

③ 雞蛋打散，用適量油炒熟，盛起待用。

④ 燒熱少許油，爆香乾葱片，放入金針、雲耳、蝦仁炒勻，放入炒熟的雞蛋，注入調味汁煮勻，即可上碟。

### Ingredients

3 Eggs
Dried Daylily Flowers
Dried Black Fungus
2 tbsp Shelled Shrimp
Shallot Slices

### For Sauce

2 tsp Light Soy Sauce
¾ tbsp Dark Soy Sauce
¾ tsp Sugar
¾ cup Water

### Cooking Method

① Soak dried daylily flowers and black fungus thoroughly. Rinse and drain.

② Combine shelled shrimps with corn starch, mix well.

③ Beat the eggs and stir fry until cooked.

④ Heat a wok with some oil, sauté the shallot slices until fragrant. Add daylily flowers, black fungus and shrimps, stir well. Add cooked egg pieces and ingredients for sauce to cook. Mix well and serve.

Tips

炒蛋加入金針、雲耳燴煮，較見食，同時比淨炒蛋精緻。是否加入蝦仁可隨意。

Braise stir-fried egg with dried daylily flowers and black fungus make the dish richer in taste. Shrimps and other ingredients can be added at your preference.

回鍋蛋 Twice Cooked Egg

# 喝醋

醋有多種，紅醋、白醋、甜醋等，還有一種叫做荔枝醋①；是否用荔枝釀製，我就不知道了。用醋來烹調菜餚是很不錯的。上海菜、京菜、川菜仍然是喜歡用鎮江醋，味道較濃醇，並有香味，久煮也不失醋味，用作涼拌的調味更適宜。

現在很多年輕人喜歡用西式的蘋果醋②加水後飲用，據說有減肥健身的功效，我沒有試過，所以不能說是否有效。但，這就真是喝醋了。「喝醋」如果作為形容詞，就有嫉妒的意思。有一個茶餘飯後的老笑話：話說以前有位將軍③，打了多次勝仗，皇帝要賞賜將軍一名美女，將軍拒絕，皇帝見將軍竟然敢「抗命」，細問情由之後，原來將軍夫人是絕不准將軍有第二個女人，否則寧願死去。皇帝將此位不怕死

① 荔枝醋有以荔枝汁經發酵釀造的，也有將荔枝肉放入米醋中浸製而成的。

② 蘋果醋多是以蘋果汁經發酵而成的蘋果原醋兑以蘋果汁等製成的飲料。它既有醋味，又有果汁的甜香，酸酸甜甜的令人開胃爽口，商家、網絡宣稱的各種保健養生功效更是令其深受歡迎。

③ 相傳此為唐初宰相房玄齡的故事。

的將軍夫人請來，問她皇帝賜的也不例外嗎？將軍夫人說，不能與人共侍一夫，皇帝氣上頭來，叫人端上毒酒賜死，此位夫人二話不說一飲而盡，但並沒有死，原來皇帝賜的只是醋，這就是喝醋的由來了。

「喝醋」（廣府話稱「呷醋」）從此被視為嫉妒的代名詞。我的見解是，嫉妒其實就是沒有安全感，對自己沒有信心。我有十八兄弟姐妹，因為大家都認為父親最疼愛我，年幼時常被其他手足欺侮，就是出於嫉妒。只有我二姐她不會嫉妒我，因為她對自己有信心，她知道父親疼愛我，但父親也疼愛她，信任她。當年她還送機票給我，讓我去加拿大見父親；主要是她愛父親。「嫉妒」使自己不快樂，同時也會傷害到對方，實是一種不好的心態。在我年幼的時代，根本無人理會孩子長大時的心路歷程，更沒有兒童心理教育，多子女的家庭從小就是你爭我奪，長大後也不親愛，實在是很可惜的事。幸虧我五個孩子雖然性格不同，但能夠互愛互敬。最乖是我的小孫兒，很大量，從不嫉妒。我想，應該是他相信我最愛他。自小我教育他幫我忙，愛家中其他人，讓他學習愛人，懂得分享、尊重。每次他的同學來我家時，我必熱心招待、愛護。這樣他就學會尊重和付出愛，更不會有嫉妒心的存在。

有人說，男女之間，女方如懂得喝些少醋，是情趣；更會增加雙方感情。我卻認為這和「撒嬌」一般，是人生課程中高深的學科。處理得巧妙能有功效，否則如醜婦賣俏，愈弄愈糟。真是人生難學的一門技巧。

我在這本書中介紹了幾款帶甜酸味道的菜餚，是比較令人開胃的，望大家能欣賞。酸味可隨自己喜愛增加或減少，更望你們能變化各種自己喜歡的菜式。

家庭中的烹調熟能生巧。記得曾有一位跟我學烹飪的有錢太太，她自己是廣東人，據說她的祖父姓馬，當年是和何東爵士齊名的，所以她真是如假包換的大家閨秀，十指不沾陽春水，但是她的丈夫是上海人，是一位由苦學生做到大公司的主腦。丈夫的家人都懂吃且會煮，使她感覺自己沒有用。當年將近中秋，這位太太問我可否私人教她煮幾款菜，使她有機會在中秋節丈夫的家人來吃飯時，一顯身手，讓家人可以對自己改觀。我用五天時間教會她做二個冷盤、五個小菜、一個湯，還有甜品是酒釀小丸子。最後一天是她在我面前，獨立煮成並讓我試味。中秋過後，這位太太約我見面，高興得流下眼淚，她不但在婆婆、小姑面前爭了面子，更使丈夫讚不絕口，我也為她高興。天下本無難事，只看你是否有決心及肯「捱」。這位太太已移民去美國，我們變成好朋友，時時通電話，她現在煮得一手好菜。她還記得當年我教她煮的「八寶鴨」，現在已成為她在美國拿手的王牌菜。有志者事竟成，這句老話是對的。

小知識

醋是開門七件事之一，中菜常用的米醋、香醋和陳醋都是釀造醋，主要由穀物、水、糖、酒精等原料釀造而成。各種醋的特點不同，用途也略有不同。米醋的用途廣泛，適用於大部份的菜餚，冷熱均可。陳醋酸味濃，可用來沾餃子、拌麵、炒菜，適合口味重的人。香醋酸而不澀，香而微甜，色濃味鮮，可用來沾小籠包、製作湯麵、做魚等。

米醋：以大米（包括糯米、粳米、秈米）為主要原料，採用固態或液態發酵工藝釀製而成，氣味芳香，滋味醇和；除了酸味，還帶甜味。

香醋：以糯米為主要原料、小麴為發酵劑，經釀酒、製醅、淋醋等工藝陳釀而成，具「色、香、味、醇、濃」的特點。最具代表性的有鎮江香醋、永春老醋等。

陳醋：以高粱為主要原料、大麴為發酵劑，採用固態發酵工藝及經陳釀而成，酸味較為濃郁。

市面上常買到的白醋或紅醋則是多為配製醋，以除了含有釀造醋，還添加了冰醋酸等。配製醋的酸味單薄，略帶刺激性，除了酸味以外，還帶有一絲苦澀。

# 荷葉蒸雞

# Steamed Chicken in Lotus Leaf

**材料：**

冰鮮雞 1 隻，冬菇仔約 10 隻，軟骨肉排約 4 両，雲南頭菜 1 小塊，新鮮荷葉 1 張

**調味：**

生抽、生粉各適量

**醃料：**

鹽、生抽、胡椒粉、酒各適量

**做法：**

① 荷葉洗淨，放入滾水中略拖水，使較軟身，洗淨待用。

② 排骨洗淨後放入調味料拌勻，待用；冬菇浸透，去蒂，擠乾水份。

③ 大頭菜略沖洗，切成粗絲，與冬菇、肉排同拌勻，待用。

④ 雞洗淨，用醃料擦勻雞內外，將肉排等材料塞入雞腔中。

⑤ 荷葉面抹上油，包住整隻雞，隔水將雞蒸至熟透，即成。

## Ingredients

1 Chilled Chicken
10 Shitake Mushrooms (small)
150 g Pork Ribs with Cartilage
1 Yunnan Preserved Turnip (small)
1 Fresh Lotus Leaf

## Seasoning for Pork Ribs

Light Soy Sauce, to taste
Corn Starch

## Marinade for Chicken

Salt
Light Soy Sauce
Pepper
Wine

## Cooking Method

① Clean the lotus leaf and blanch in boiling water briefly until softened.

② Rinse the pork ribs and pat dry. Combine with seasoning and mix well. Wash and soak the shitake mushrooms, remove the stems and squeeze excess water.

③ Rinse the preserved turnip gently. Cut it into strips and combine with pork ribs and mushrooms.

④ Wash the chicken. Rub it inside and out with marinade. Stuff the pork ribs filling into the chicken.

⑤ Oil the surface of lotus leaf. Place the chicken on the lotus leaf, breast side facing down. Fold in the sides to create a parcel that wraps the chicken completely. Steam until cooked through.

Tips

雞的釀料可多樣化，可釀入糯米八寶飯或其他各種材料，用荷葉因有清香味。

A wide variety of ingredients can be used for stuffings. Glutinous rice can be used too. The lotus leaf wrap retains the moisture and enhances the fragrance of the dish.

荷葉蒸雞 Steamed Chicken in Lotus Leaf

# 百花脆金球

**材料：**

蝦仁約 4 両，豆腐卜約 4 両，馬蹄 5 粒

**調味：**

鹽 ⅓ 茶匙，胡椒粉少許、生粉 1½ 茶匙

**做法：**

① 蝦仁挑腸，洗淨，吸乾水份，拍爛，用力攪撻打成蝦膠；馬蹄去皮，拍爛，剁碎，加入蝦膠中，並加入調味，攪拌均匀。

② 將豆腐卜反轉，釀入適量蝦膠成球狀。

③ 將上項材料放入熱油中，慢火炸至外呈金黃色，蝦膠熟；瀝乾油份，即可上碟。

④ 可配合喜愛醬料蘸食。

## Crispy Shrimp Balls

### Ingredients

150 g Shelled Shrimp
150 g Beancurd Puff
5 Water Chestnut

### Seasoning

⅓ tsp Salt
Pepper, to taste
1½ tsp Corn Starch

### Cooking Methods

① Devein the shrimps. Rinse and pat dry. Press the shrimps with the back of a Chinese chopper, then chop finely. Put the chopped shrimp into a large bowl. Stir with chopsticks in one direction until the shrimp becomes gummy. Peel the water chestnuts, then roughly chop. Add the water chestnut to shrimp, combine with seasoning, stir well.

② Cut a small opening on the beancurd puff and turn it inside out. Stuff shrimp filling into the beancurd puff.

③ Deep fry the stuffed beancurd puffs in hot oil over low heat until golden brown and the filling is cooked through. Scoop out and drain excess oil.

④ Serve with dipping sauce.

# 「樂宮樓」的燒雞

記得大約四十多年前在尖沙咀美麗華商場有一間叫「樂宮樓」的京菜館（希望我沒有記錯地址），中午有好像粵式的「飲茶」，有些阿嬸推着車售賣各式冷盤和京式點心，其中最受歡迎的就是「山東燒雞」。那是整隻童子雞經過醃、炸後，再用有花椒、八角的湯煨煮至酥爛，上枱時有些湯汁，用筷子一夾，雞肉就離骨了，是很受大眾食客歡迎的，尤其是星期天帶兒女全家外出的家長，叫一款「山東燒雞」是皆大歡喜的事。

樂宮樓

此外在灣仔道舊國泰戲院（相信中年以下的人也許不知在灣仔有這戲院了）旁邊有一間出售燒童子雞出名的飯店叫做「美利堅」。我來香港時約一九五〇年，父親曾帶我和弟妹去過。他們的燒童子雞是乾炸的，可蘸椒鹽食用。那時全隻燒雞賣二元五毫，可斬成四件，能吃一件已十分開心。那年代生活儉樸，小孩也單純而聽話，日子就是這般度過了。美利堅後來搬去了駱克道，我們家中各人都去捧過場，還算有水準。不過燒雞的價錢當然不再是二元五毫了，記得已是三十五元左右。

說起山東燒雞，也有稱為「符離集燒雞」。其實「符離集」是安徽的一個鎮名，據說當年有一名山東女性嫁去安徽，她煮了這款山東口味的燒雞，甚受讚賞，因此又被稱為「山東燒雞」了。

四十到六十年代，大量移民來到香港開始新生活，部份北方人合資開一些京式飯館謀生。美利堅店中的夥計都是山東、天津幫，他們經營飯館，刻苦耐勞，不但維持了生活，也算創了一番事業；當年「樂宮樓」、「松竹樓」、「美利堅」，還有一間在尖沙咀天文台道以涮羊肉

美利堅飯店的山東燒雞

馳名的「洪長興」，都是京式飯館中的名店。可惜隨着時代變遷，年輕的一代已不願再承繼老一輩的苦差事，現在都已不見了！

幾十年前，社會上大部份人都不富裕，但大家都知足感恩，能有雞吃就是開心的大事，不像現在物質豐富，一切都不再「矜貴」了；很多小孩子更被寵壞，變得揀食和浪費食物，對食物已不再有尊重和喜悅之心。經濟起飛，物質易求，但人性已複雜多了；這大概就是得些又失些吧！

我在烹飪書中介紹的食譜，做法都是化複雜為簡單的。「山東燒雞」應該是老少咸宜的菜式，更一定會受到小朋友們的喜愛，望大家能一試。我常對兒女們說，接受好的革新改良，但又能保留好的傳統，就是能成功的第一步。舊事會消逝，但總是說一種優美的記憶。唯有珍惜當下的情與事。可惜，人總是要到失去後才會知道珍惜。

## 後記：

搬去駱克道近灣仔警察總部的美利堅飯店在二〇一八年也結業了，每次經過都有些感慨。少了山東燒雞，更可惜是正宗的麵類食物（北方人叫麵食即是用麵粉做的各類食品）。美利堅的煎餃、蒸餃都是十分高水準的，且有多種餡料可供選擇。我常在除夕年夜飯時預訂二百隻水餃，葷素各半，作為團年美食，少去準備多種年夜飯菜餚的麻煩，孩子們又覺得新鮮，只是購買時有些麻煩，因為是包好而沒煮的。後來我想到用大膠盒盛載，多灑些乾粉，到家時完整不破爛，臨吃時用大鍋水煮滾，放下水餃煮至浮上水面，再加少許凍水，待再滾起，這樣大約加二、三次水即可煮熟，撈起上碟供食，北方是如此食法。可配「糖蒜」或醋、醬油等蘸食。餃子像元寶，代表財富、好意頭。最主要是我的孩子、孫兒們都喜歡。如今「美利堅」也停業了，想偷懶又要得到美食真難了！

# 山東燒雞

Shandong Chicken

**材料：**

冰鮮雞 1 隻，花椒 ½ 茶匙，八角 2 粒，薑片、葱段各適量，上湯或清水適量

**醃料：**

鹽 ⅓ 茶匙，胡椒粉、生抽各適量

**調味：**

老抽少許（調色用），生抽適量

**做法：**

① 雞洗淨，瀝乾水份，將醃料抹在雞內外，使入味（可放置隔夜）。

② 燒熱小半鑊油，將醃好的雞用熱油略炸，至外皮呈金黃色，取出瀝去油份，並用清水沖去油份。

③ 將上項雞放入深煲中注入過面的水份或上湯，放入花椒、八角，煮至雞熟及略脸，放入調味，即可連湯上枱供食。

## Ingredients

| | | |
|---|---|---|
| 1 Chilled Chicken | ½ tsp Sichuan Pepper | 2 Star Anise |
| Stock or Water | Ginger Slices and Spring Onion Sections | |

## Marinade

| | | |
|---|---|---|
| ⅓ tsp Salt | Pepper | Light Soy Sauce |

## Seasoning

| | |
|---|---|
| Dark Soy Sauce, for colouring | Light Soy Sauce, to taste |

## Cooking Method

① Wash the chicken. Drain. Rub it inside and out with marinade. Set in fridge overnight.

② Heat about half wok of oil, deep fry the chicken briefly until the skin become golden brown. Remove and drain excess oil. Then rinse the chicken with water to reduce the oil.

③ Put the chicken in a large pot, cover with adequate water. Add dark soy sauce, star anise and Sichuan peppers, cover and cook until the chicken is tender. Season with light soy sauce (or salt). Serve with soup.

Tips

山東燒雞有二種做法，老店「樂宮樓」是連少許湯上枱，即本食譜所介紹的做法。「美利堅」則是蒸透後撕出雞肉上碟，並配合蘸料共食。蘸料是蒜蓉加薑蓉、芫荽碎及少許辣椒碎，用醋、糖、醬油加少許上湯及麻油調勻。

There are two types of Shandong Chicken. One is from the long-gone "Princess Garden Restaurant" in Tsimshatsui. It was served with soup, just as my recipe. The dry version was from “American Restaurant" in Wanchai, which was permanently closed in 2018. They steamed and deboned the chicken, and served with dipping sauce. The sauce was made of minced garlic and ginger, chopped coriander and chilli pepper, then seasoned with vinegar, sugar, soy sauce, sesame oil and broth.

# 山東燒雞 Shandong Chicken

# 划水與麵拖蟹

有說，各處鄉村各處例，各地家鄉各地話。中國地大，每個省份都各有自己本土的語言。單說江浙一帶，就有很大的區別；上海和毗鄰的蘇州、杭州也各有本地的俗語，話音也不相同，說不明白，也容易造成誤會。記得我在烹飪學校工作時負責教上海菜，當我將擬妥的課程項目列出後，總要大費周章的解釋一番。例如「划水」，上海人一看就明白是代表魚尾的稱謂。「划水」是說魚尾在水中游動的形態，可說是形容詞，也是美食家對魚尾的美稱，意謂雖已煮熟但仍然新鮮似能游動。魚尾可加入粉皮或加入豆腐卜、豆腐等紅燒，都是喜歡魚的人士的美食，不少人都喜愛吃魚尾、更喜歡吃有骨的。不過魚能煮得可口實需要一些「廚藝」，若帶有點腥味就不可口了。

容易引起誤解的，還有「麵拖蟹」。這個「拖」字，可說是一個動詞，本是寧波話，不過上海話中也常用到。譬如調了一碗麵漿，將食材放入麵漿中沾上少許麵漿再炸，這沾上少許麵漿的動作過程就被叫做「拖」。我在超群教烹飪時，列出麵拖蟹和紅燒粉皮划水，被負責買材料的老工人（老闆的心腹）向老闆告狀，說我「無料」，教的菜式「古靈精怪」，她以為麵拖蟹是「棉拖鞋」，怎能成為菜餚？「划水」就更莫名其妙了！我也無法向她解說分明。幸虧李曾超群女士在上海居住多年，據她說少年時期也是在上海度過的，所以，可說是大半個上海人，對於上海及其他外省的菜餚都有很深的認識，為我洗脫了「無料」的惡名。如今想來不但感覺好笑，更明白廣府人士所說的「搵食艱難」。

工作時總會遇到很多壓力和挑戰，我的方法是沉着觀察，找應付的方法。然後邊學邊做，不怕辛勞，結果是一定可以克服一切困難，使自己更上一層樓。流眼淚是痛苦，表示不快樂，但，眼淚也會使我們學會一些事和長大。千萬別讓自己的眼淚白流！只要用心向自己的目標前進，每天都是好的開始。

另外在此簡單解說「麵拖蟹」，在大閘蟹上市時，小的蟹較便宜，上海人很喜歡將小的「湖蟹」斬件沾上麵漿用熱油炸熟而食，是飲花雕酒時的美食。大家慣叫做「麵拖蟹」，此食譜在我的另一本書《方太的美食回憶》中介紹過，有興趣不妨一試。

# 粉皮划水

## Braised Fish Tail with Mung Bean Sheet

**材料：**

鯇魚尾 2 條，新鮮粉皮 5 張，薑、葱、芫荽各少許

**調味：**

老抽約 3 湯匙，生抽少許，糖 1 茶匙，水約 ¾ 杯，胡椒粉少許

**做法：**

① 將魚尾去鱗洗淨，各直切成二件，共四件，用少許酒、鹽略醃片刻。

② 粉皮用清水略沖淨，撕成大件，瀝乾水份，待用。

③ 燒熱油約 3 湯匙，將魚尾煎至外呈金黃色，加入薑片、葱段，灒酒，注入調味，煮至魚熟，放入粉皮，待再度滾起、入味，即可上碟，以芫荽飾面。

### Ingredients

2 Grass Carp Tails

5 Mung Bean Sheets

Ginger, Spring Onion and Coriander

### Seasoning

3 tbsp Dark Soy Sauce

Light Soy Sauce

1 tsp Sugar

¾ cup Water

Pepper, to taste

### Cooking Method

① Scale the fish tails and rinse through, pat dry. Cut each fish tails lengthwise into two pieces. Marinate with rice wine and salt.

② Rinse the mung bean sheets gently and tear into large pieces. Drain and set aside.

③ Heat 3 tablespoon of oil in a wok, fry the fish tails until golden brown, turning over once. Add ginger slices and spring onion sections, sprinkle wine. Pour in seasoning and simmer until the fish is cooked through. Add mung bean sheets and bring to a boil. Transfer to a serving plate and garnish with coriander.

Tips

① 「粉皮」在上海南貨店有售，分乾貨及新鮮二種。新鮮粉皮較可口，但不能耐煮，並易吸湯汁，因此要後下，一滾即可。

② 如喜辣，可在調味料加入辣椒醬。

① Both dried and fresh mung bean sheets are available in Shanghainese Groceries. The fresh one tastes better and absorbs sauce quickly. Cook it briefly to avoid becoming mushy.

② If you prefer spicy flavour, chilli sauce can be added to the seasoning.

# 粉皮划水 Braised Fish Tail with Mung Bean Sheet

# 沒有超級市場的日子

香港「超級市場」漸漸普及，記得大約是七十年代的事。之前，買糧油雜貨和餸菜都是去街市。

記得在九龍城街市還沒建成時，肉類、家禽商販都是在街邊各自開檔營業，蔬菜類更是隨街擺檔。那時我住在近九龍城的太子道，買菜多數去近侯王道的衙前圍道，和擺檔的都相熟，像街坊一般。我常笑説，他們雖工作勞累，但賺的卻是上等錢。

除攤檔外，就是一些雜貨店了，出售一些乾貨及油、鹽、醬、醋等；較大規模的有米出售。不是現在超市出售的袋裝，而是散裝。米也分等級，有「絲苗」，有「油粘」，也有碎米，以斤計算，五十斤就可送貨，一兩斤也有交易。那是社會貧窮的年代，不過大多數人都安份守己，心態平和，鄰居也能守望相助，大家勤儉刻苦耐勞，我們這一代就是這樣走過來的。

七十年代，通心粉、麵條都是這樣散賣的。

那時的孩子零用錢不多，中午如不能回家吃午飯，就會帶飯，不會去茶樓或餐廳吃午餐。發育時期的孩子，飯量都會較大，每餐三四碗飯是等閒事。「米」是主要食糧，並佔家中主要開支，那個年代主婦持家必須精打細算。所以家中孩子多的，會在每月中有數日食用麵粉做的主食。孩子和家人有新鮮感，變換口味使大家高興。那時麵粉只需四至五毫一斤，通心粉、意大利粉、麵條也不需一元就可買到一磅或一斤了，表面上是轉換口味，其實更是減少食米的量。現在年輕一代，一定覺得是不可思議的事。那個年代過日子就是分毫都要精細思量過才能動用的。

當年我有三個讀中學的孩子，一切更要精打細算。有些錢是必定要花費的，例如學費、校服費、開學時的書簿雜費，都是大開銷，所以，平時已要預留部份錢，儲蓄起來作到時的開銷。因此平日幾乎家家戶戶都是錙銖必較地過日子。我們那個年代比較含蓄，家中的事也不會對求學中的孩子訴說，對他們的要求就是「讀好書」。感覺書讀得好，有進步，就能找到好的工作，會有好的轉變，兩代人抱着同樣的目標和希望。為了不使兒女擔心，所以絕不會讓孩子知道家中的經濟狀況。

我常想老一輩的人確有可敬之處——堅強，肯捱苦，更有犧牲精神。除了身體的勞累，其實精神壓力也很大！不過，我們還年輕的年代，沒有人會說有精神壓力，大家都是這樣生活着。不知是笨？還是簡單？我想應是心中的目標——把孩子扶養長大成人，其他都不是問題，都能度過。

當年每月我也會做幾次麵食，如用上海麵做成的八寶醬麵及肉醬通粉。八寶醬可辣可不辣，材料也豐儉由人，基本上有蝦米、豆乾、肉丁就可以。重要是麵豉醬多放些，注意調味，不能過鹹，可淋上麵條面拌勻食用。肉醬通粉也是全家喜歡的麵食。因為超市有冰鮮的「免治牛肉」出售很是方便，是否加入蕃茄或洋葱可隨意。食用麵條或意粉，可以獨沽一味，不用再有其他食物，很簡便。

如今我的孩子們都長大各有自己家庭及工作，每次從外地返港探望我時，也會懷念兒時的意粉，但是，他們總會加些「菜沙律」及凍肉凍腸等。當然更少不了我家特

超市裏的新型街市，貨品排列整齊，地面滴水不沾。

有的「雜菜湯」，這些食材在超級市場可以全部買齊，給大家很多的方便。但，少了相熟的人情味。

看着長大成人的孩子們吃着兒時喜歡的食物，手足間談着兒時的往事，心中十分感慨，能把他們帶大成人雖是雙方共同的努力，但也實在不容易，感激上天的恩賜，使他們都能成為一個有用的人。

# 乾葱煎豬排

# Pork Chop with Shallots

**材料：**

豬排 2 件、乾葱 4 粒切片

**醃料：**

生抽、胡椒粉各適量

**調味汁料：**

生抽 ½ 湯匙，老抽 ½ 茶匙，糖 ½ 茶匙，水 2 湯匙

**做法：**

① 豬排洗淨吸乾水份後，用刀背剁鬆，放入醃料，拌勻略醃片刻，待用。

② 將豬排放入熱油中炸至熟透，取出。

③ 燒熱少許油，放入乾葱片，調味料，煮勻，淋上豬排面即成。（可切件供食）

## Ingredients

2 Pork Chops

4 Shallots, sliced

## Marinade

Light Soy Sauce and Pepper

## For Sauce

½ tbsp Light Soy Sauce

½ tsp Dark Soy Sauce

½ tsp Sugar

2 tbsp Water

## Cooking Method

① Wash and pat dry the pork chops. Pound the pork chops slightly to break up the tough muscle. Marinate for a while.

② Fry the pork chops in hot oil until cooked through. Remove and set on plate.

③ Heat some oil in a wok, add shallot slices and seasoning, bring to a boil. Scoop to the cooked pork chops and serve. (Pork chops can be cut into pieces if desired.)

### Tips

用此方法做成的豬排，可放置冷後更入味。可配合麵或飯供食，不加入生粉為佳。

You may keep the cooked pork chops in fridge for next day so the flavours become stronger. This dish is good to serve with rice or noodles. Cornstarch is not required for marinades nor sauce.

# 乾蔥煎豬排 Pork Chop with Shallots

# 蝦醬炒飯

## Fried Rice with Shrimp Paste

## 材料：

冷飯 2 碗（可隨意多些）、芥蘭梗粒約 4 湯匙，蒜蓉 1 茶匙，雞蛋 2 隻，蝦醬約 2 茶匙

## 做法：

① 雞蛋打散，放入少許鹽拌勻，炒熟盛出，切成小塊。菜梗粒炒熟盛出待用。

② 燒熱油約 1 湯匙，爆香蒜蓉和蝦醬。快手將飯加入，炒至散開及熱，放入菜梗翻炒透，最後加入雞蛋炒勻，即可趁熱上碟供食。

## 註

「蝦醬炒飯」是將剩餘物資再度變成美食。蝦醬不能放太多，否則會過鹹，但又不能少到沒有蝦醬的香及味道。掌握了這個道理，這個炒飯一定會成為你的巧手美食。

## Ingredients

2 bowl Cooked Rice

4 tbsp Chopped Kale Stem

1 tsp Chopped Garlic

2 Eggs

2 tsp Shrimp Paste

## Cooking Methods

① Beat the eggs with a little salt. Stir fry until cooked. Cut it into small pieces. Stir fry the chopped kale stem.

② Heat 1 tablespoon oil in a wok, sauté chopped garlic and shrimp paste until fragrant. Add cooked rice quickly, stir fry until the rice become loose and hot. Stir in chopped kale stem and egg pieces, mix well. Serve.

### Tips

Fried rice with shrimp paste is an idea to turn leftovers into a delicacy. Don't put too much shrimp paste or it will be too salty. But, if too little shrimp paste is added, the dish will lose its aroma and taste. With this in mind, this fried rice will definitely become your signature dish.

# 孩子心中的西餐

當年我有三個孩子讀中學，一個讀小學，家中的一切開支全靠他們的父親。丈夫已盡力，是否夠開支，他就不管了，所以，一切必須精打細算。至於我一直的理念是能節省的一定要堅持，哪怕付出多些心機和氣力，我都可以接受和應對。但是對於飲食方面，我是從來不少花錢的，因為我感覺健康最重要。沒有健康的身體又何談其他！此外我也不會向孩子透露家中的經濟狀況，因為他們幫不到忙，反添憂慮，影響學業就更不好了。我的表現是家中的一切做母親的「我」會照料，做孩子們的責任就是讀書。

當年第二個男孩只有十三歲左右，就考入香港仔工業學校，那是一間寄宿學校，畢業後可獲得兩張證書，一是中學會考證明書，另一張是電機工程證書。學校強制寄宿，每兩個星期才可回家一次。在不能返家的星期天，我會帶同三個小女孩去香港仔的學校探望兒子。當然會帶些食物，學校的膳食總是「清苦」的，尤其是那個年代。

我們家住九龍，去香港仔要先搭巴士至油麻地佐敦道碼頭，乘船過海到中環統一碼頭，才可搭到直去香港仔的巴士，像去旅行一般。每次探兒子後回程，總要抱着睡着的寶兒，再搭車乘船，回到家已是下午了。在歸家的途中，我常想：幾時才能走完這條路？好像很漫長，但，有堅毅的心就會到達目的地。兩人同走的路，除互相扶持外，要有信心和耐性，半途而廢是永遠去不到目的地，怨天尤人也只是徒嘆奈何而已。

我這個兒子很刻苦耐勞，努力向學及工作，他現已發展得不錯，而最

**香港仔工業學校**

香港仔工業學校的校園位於香港仔與黃竹坑交界，佔地 12,800 平方米，創辦於 1935 年，由天主教慈幼會管理，向以收生要求嚴謹及學生成績優異聞名。1935 至 1990 年提供寄宿服務。

令我感到快樂和安慰的是，他對下屬的關愛，和同事間的謙和，從無驕傲之心，並且也孝順。孩子的成長，除後天的教育外，也要看他們的「天性」。我感覺做父母的，在養兒育女上，盡了自己的力，問心無愧，對子女無所求就無所失。人還是靠自己最安全。

我的孩子們除寶兒都各有自己的家庭，假日時會來我家歡聚，他們會要求我煮些兒時的食物。我們家中的例牌菜——蘋果沙律、肉醬通粉、免治牛肉餅再加上雜菜羅宋湯，用大碟進食，孩子們就感覺是吃西餐了。從前的孩子們在物質上不及現在的孩子，但，他們懂得珍惜，同時也企求精神上的歡愉。可能如今的父母都太忙碌，和孩子們相處的時間較少。如今的父母會盡量滿足孩子在物質上的要求，使一些孩子在收到禮物時，連拆開的喜悅都少了。

世界上的事，總是得一些又失一些，得失間就要看自己如何去衡量。我感到快樂的是，孩子們能懂得「念舊」，不忘過去的艱難，感恩現在的擁有，能腳踏實地做好自己的本份，這才是「福氣」。

## 小知識

意大利粉和通心粉都是由小麥品種中最硬質的杜蘭（durum）磨粉製成，是意大利人的主食。隨着哥倫布發現新大陸，由歐洲傳入美國，之後再傳去英國，成為當地家庭喜愛的食物。上世紀初起，意大利粉和通心粉已在東南亞及日本等地相當流行。

意粉的形狀多變，可與不同醬汁配合，變出不同的美食，所以無論大人小朋友都十分歡迎。現在超市常見的意大利粉有不下十種，簡介如下：

1. Spaghetti 意粉：幼長的麵條，是最常吃到的意大利粉，有不同的粗幼，以數字區分，數字越大的越粗。
2. Angel Hair 天使麵：最幼的意粉，度數由 0 至 1。
3. Linguine 扁意粉：扁身的意粉。
4. Macaroni 通心粉：彎曲管狀，可以説是香港最常食的麵食之一。
5. Penne 長通粉：頭尾斜切的直管狀。
6. Fusilli 螺絲粉：因外貌似螺絲而命名，有不同的扭法。
7. Conchiglioni 貝殼粉：因外貌似貝殼而命名，有多種不同大小；大的貝殼粉會釀入肉類餡料再焗製。
8. Farfalle 蝴蝶粉：外形像煲呔。
9. Lasagna 千層麵：外形呈片狀長方形，有分扁的和波浪兩種。
10. 還有各種造型的，例如字母粉、米粒粉、車輪粉等等。

通心粉和造型粉，均可作沙律、湯煮、炒或烤焗等方法烹調，中西式都適合，各有特色。千層麵就只有西式的做法，一般都是焗的，將麵皮和餡料梅花間竹方式層疊後焗製。

# 肉醬通粉

## Penne with Bolognese Sauce

**材料：**

通粉適量，免治牛肉約 4 安士，青豆 2 湯匙（汆水待用），洋蔥 ½ 隻（切小粒），番茄 2 隻（切小粒），蒜蓉 1 茶匙

**調味：**

茄汁 2-3 湯匙，生抽 1 茶匙，糖少許，水 ¾ 杯

**做法：**

① 通粉煮軟，過冷水後瀝乾水份，待用。

② 免治牛肉中放入生抽、胡椒粉各少許，並加入生粉約 2 茶匙，水 2 湯匙拌勻，用油炒熟，待用。

③ 燒熱約 1 湯匙油，爆炒通粉至熟透，放碟上。

④ 另起油鑊，燒熱約 1 湯匙的油，炒香洋蔥粒，放入番茄粒和調味料煮滾，加入青豆和免治牛肉拌勻。

⑤ 可將通粉混合上項同炒勻，也可另上，食時淋在通粉上面。

### Ingredients

| | |
|---|---|
| Penne, in appropriate amount | 150 g Minced Beef |
| 2 tbsp Pea, blanched | ½ Onion, diced |
| 2 Tomatoes, diced | 1 tsp Minced Garlic |

### Seasoning

| | |
|---|---|
| 2-3 tbsp Ketchup | 1 tsp Light Soy Sauce |
| Sugar, to taste | ¾ cup Water |

### Cooking Method

① Cook penne as instruction on the packing. Rinse under running water and set aside.

② Add a little light soy sauce and pepper to the minced beef, stir in 2 teaspoon corn starch and 2 tablespoon water, mix well. Stir fry the beef until cooked.

③ Heat 1 tablespoon oil in a wok, stir fry the penne and minced garlic until cooked through. Transfer to a serving plate.

④ Heat another 1 tablespoon oil in wok, sauté the onion until fragrant. Add tomato dices and seasoning, bring to a boil. Add pea and beef, stir well.

⑤ Return the penne to wok and stir well. Serve. Or serve sauce with cooked penne separately.

Tips

此是家庭式簡便食法，可隨意，明白煮法即成。

This cooking method is basic and can be easily adopted by every household. Improvisation can be done once you mastered the concept.

# 肉醬通粉

## Penne with Bolognese Sauce

# 免治牛肉餅

## Pan-fried Beef Patties

**材料：**

免治牛肉約 4 安士，方包 2 片，洋葱粒約 2 湯匙，麵包糠少許，洋葱絲少許

**調味：**

生抽 ½ 湯匙，胡椒粉少許，生粉 2 茶匙

**做法：**

① 麵包切成小粒，用熱水泡軟，擠乾水份，洋葱粒炒香與擠乾的麵包同加牛肉中，放入調味料攪拌均勻。

② 將上項材料分成四份，做成餅狀，撲上少許麵包糠。用適量油小火煎熟。

③ 洋葱絲用少許油略炒，注入生抽、糖各少許，淋上面即成。

### Ingredients

150 g Minced Beef

2 pc Sandwich Bread

2 tbsp Chopped Onion

Breadcrumbs

Shredded Onion

### Seasoning

½ tbsp Light Soy Sauce

Pepper, to taste

2 tsp Corn Starch

### Cooking Method

① Dice the bread and soak in hot water. Squeeze excess water, mix with fried chopped onion and minced beef. Combine the mixture with seasoning, stir well.

② Divide the beef mixture into four portions, roll to balls and press into patties. Coat each patty with breadcrumbs. Fry the patties until cooked.

③ Stir fry the onion shreds until golden brown, season with light soy sauce and sugar. Pour the sauce over the fried beef patties. Serve.

Tips

① 牛肉餅加入擠乾的麵包，才會鬆軟，不至太硬。

② 淋面汁料可隨個人口味，也可用茄汁味。

① The secret of keeping your patties moist and tender is to add bread crumbs.

② You may use other topping sauce for varieties. Tomato sauce is also recommended.

# 免治牛肉餅 Pan-fried Beef Patties

# 「一品香」的油豆腐粉絲

「油豆腐粉絲」本是上海的街邊食物。記得小時候，大約七、八歲，母親帶我從北京搬去上海，住的是沿馬路的房子，有三層。樓下用來做飯廳，母親去了街後，傭人就打開木門，我可以隔着鐵閘看到馬路。路上常有挑擔售賣各種物品的小販經過，包括熟食例如炸豆腐、米花糖、話梅、涼果等，也有糖炒栗子、雞鴨血湯、湯圓等，還有就是油豆腐粉絲湯了。油豆腐其實就是廣府人叫做「豆腐卜」。小時候很希望能買來一嚐，母親總說街邊東西不衛生，從來不買。倒是母親外出後，傭人會買，我也就有機會分享一點了；傭人並囑咐我不能告訴母親，為了貪吃總能守口如瓶。也許因為偷吃，感覺份外美味。由此可見，見不得光的事，總份外誘人！

將近廿年前，在尖沙咀金巴利道有一間上海飯店，叫做「一品香」，這店雖不及「大上海飯店」那樣輝煌、有氣派，但行內人及大半上海來的人都知道，名氣也不小。此店最特別處是，一進門就可以見到各式冷盤菜式擺放在玻璃櫃中任人挑選，在櫃旁還有一大銅鍋煮着油豆腐粉絲及百頁肉卷，熱氣騰騰，香味撲鼻，即叫即食。除此以外，各種小菜、麵食、點心皆是即叫即做，新鮮美味。來光顧的，大多數是熟客，吳儂軟語，聲聲入耳，倍增親切感，再加上店員和老闆的海派作風，大家閒話來香港後的狀況；除享受家鄉美食外，更重要的是鄉情。

記得當年在電視台工作，下午開始錄影，收工後將近午夜十二時左右，寶兒放學後接我放工，常去一品香吃麵，那些老夥計都知道她是等我放工，除食物加料外，更小心照顧她，那年代尖沙咀並不太平，那些老夥計總對寶兒說：「在我們店中最安全的。」有時也會讓寶兒帶些點心給我，我常說笑是師傅們孝敬我。一天的辛勞工作，晚上能在相熟、有人情味的小店中「歇下腳」，是慰勞，也是樂事。我的忙碌年代就是這樣度過的，在一品香也留下不少腳毛。

這家「一品香」十多年前因為經不起大幅加租，結業了。其中有些夥計合資開了一間小店，但和當年的「一品香」無法相比。我雖去過幾次，也曾叫朋友去捧場，但也難做得起，愛莫能助，很感可惜。香港再沒有像以前「一品香」這般的食店了！

年輕一代，連煮油豆腐粉絲的大銅鍋都沒見過，說也說不清楚。如今一些上海食館的菜牌還有油豆腐粉絲（不是大菜，只屬小食類），但多數不好吃，可能是叫不起價。其實，傳統的油豆腐粉絲，湯裏是有少許榨菜絲和蝦米，材料簡單但講究做法。正所謂戲法人人會變，巧妙處各不同。「油豆腐粉絲」不是菜，也不能說是湯，只是一種小食，講究生活情趣、識飲識食的上海人（較富裕的家庭），早餐吃的叫做「早點心」，下午茶時間吃的叫做「點心」。早點心可以豐厚些，例如粢飯、饅頭（可甜可鹹）、小籠包、泡飯配小菜等，或各種湯麵，大致來說，是比較多。因為一天的開始，要多吃些。點心說明只能點到心，不能大量，點到胃，就不太講究了，所以不會吃粢飯，或太重質的食物，以輕巧精緻為主。但有例外的，是那些有錢又有閒的太太們，以打麻將為樂，晚飯就較遲了，於是下午的點心就變成有小雲吞、油豆腐粉絲、酒釀小丸子了。油豆腐粉絲用精緻的飯碗盛着，略解餓，又不粗氣兼好味，可點心而不到胃。當然，你喜歡怎麼吃都可以，不過，上海人喜歡這一套生活方式。

上海的老房子，臨街的門口現在多已改為商業用途。

# 油豆腐粉絲湯

# Beancurd Puff and Vermicelli Soup

**材料：**

豆腐卜 8-10 粒，榨菜絲、冬菇絲各約 2 湯匙，蝦米少許，粉絲適量，乾葱少許

**調味：**

老抽、生抽各適量，麻油少許

**做法：**

① 在鑊中燒熱少許油，爆香乾葱片，灒入適量水份，放入冬菇絲、蝦米、榨菜絲，待再度滾起。

② 粉絲浸濕後，瀝去水份，放入上項材料中，煮至軟身。然後加入豆腐卜，同煮至軟，放入調味料即成。

## Ingredients

8-10 Beancurd Puff
2 tbsp Pickled Mustard Julienne
2 tbsp Shitake Mushroom Julienne
1 tbsp Dried Shrimps
1 batch Mung Bean Vermicelli
Shallots

## Seasoning

Dark Soy Sauce
Light Soy Sauce
Sesame Oil

## Cooking Method

① Heat a wok with some oil, sauté shallot slices until fragrant. Sprinkle adequate water. Add mushroom, dried shrimps and pickled mustard, bring to a boil.

② Moist the mung bean vermicelli. Drain and add to the soup, cook until softened. Then add beancurd puffs to cook. When the puffs become soft, add seasoning to taste. Serve.

Tips

油豆腐粉絲煮成後可稱為湯，但本是小食類，上海人喜歡做下午的點心，宜用小碗盛載。同時，多數用豉油湯底。

This is a common street food in Shanghai which usually treated as snack in small-bowl portion. Soy sauce base is most common.

# 油豆腐粉絲湯 Beancurd Puff and Vermicelli Soup

# 老店與茶餐廳

寶兒告訴我，以前「一品香」的老夥計用「一品香」的老名字重開了一間小店，她已去試過了。店中的「老朋友」（即以前一品香店中的夥計們）請我一定要去捧場並見見老朋友。我那天恰好有事去佐敦附近，午飯時刻，就做個「順水人情」，和寶兒同去光顧。此店食物有八成的水準，但店面小了很多，已變成家庭生意，夫婦二人及老人一同幫手，只是街坊生意而已。我想起「一品香」以前的盛況，也有些感慨。

飯後，他們對我不但送甜品還打折扣，這是上海人要「面子」的本色。我又怎會肯呢？不但錢照付，還給了豐厚的小賬。老闆推三阻四說是「自家人」。我工作多年，尤其因為是在電視出現，容易被人認識，遇到不肯收錢的店家，使我感尷尬，所以，從來不曾做過「白吃」的客人。如有送水果或甜品的，小賬必加倍。老友蔡瀾先生常笑說我是上海的闊小姐派頭，其實，並非我「闊氣」或有錢，只感大家在江湖上混飯吃，何必要去佔別人便宜，有「知名度」有名氣又如何，我不會做這種人，也看不起這種人。所以，我遇到這種情形必與店家說笑，你們如不收錢就是想我多付些。這樣一說就皆大歡喜了。我也教訓兒女，千萬不要貪這種便宜，是很「醜」的事。小孫兒八九歲時，有店家看他可愛，要多給他，他已懂得拒絕並懂得說：「公道就好，我不貪心的。」孩子是在生活中教導的，重要的是「品格」，「錢」是其次。

老店是愈來愈少了，除非是那些有大股東支持的名店。時代不同了，年輕的一代，他們的口味、習慣、經濟能力皆不同，他們另有選擇。其實店的大小無關，最重要好吃、實惠。我很欣賞九龍城的一間多年老茶餐廳，所有茶餐廳供應的一切食物，最特別是有各種小菜，水準不錯。我與孩子們都很喜歡光顧此茶餐廳的各式小菜及例湯。假日有時我們「懶」，不願去得太遠，就會光顧。此店味道好、價錢公道，店主相識多年，像回家吃晚飯一般；唯一的缺點是坐得不很舒服，同時生意太好，有人等枱，略感急促。但兒女們總說，「來吃飯，又不是來閒坐」，想來說的也對。

希望香港特有的茶餐廳能一直保留下去，這是香港的特色，更是香港人生活的一部份。

# 紅燒麵筋塞肉

**材料：**

油麵筋 8 至 10 個，剁碎豬肉約 6 両，白菜適量，乾葱少許

**豬肉調味：**

生抽 ½ 湯匙，生粉適量

**調味汁料：**

老抽 1½ 湯匙，生抽 ½ 湯匙，糖 ½ 茶匙，水約 1⅓ 半杯

**做法：**

① 白菜洗淨，用滾水焯至軟身，剁碎，擠乾水份。

② 碎肉放入調味料拌勻，再加入剁碎的菜同攪拌均勻，即成餡料。

③ 將適量餡料釀入每個麵筋中成球形。

④ 燒熱少許油爆香乾葱片，注入調味汁料，放入釀麵筋，燜煮至材料熟透，汁減少，即可上碟。

**註**

① 麵筋釀入的材料有肉，必須煮至熟透。本食譜在碎肉中有菜，也可全用碎肉。

② 燜煮的菜一定要試味。

# Stuffed Gulten Balls

## Ingredients
8-10 Fried Gluten Balls
225 g Minced Pork
Some Pak Choi
Shallots

## Seasoning for Pork
½ tbsp Light Soy Sauce
Corn Starch

## For Sauce
1½ tbsp Dark Soy Sauce
½ tbsp Light Soy Sauce
½ tsp Sugar
1½ cup Water

## Cooking Methods
① Wash pak choi and blanche until softened. Chop and squeeze excess water.
② Combine minced pork with seasoning, add chopped pak choi and mix well to form the filling.
③ Make a small opening in gluten ball, and stuff with filling.
④ Heat a wok with some oil, sauté shallot slices until fragrant. Add sauce and stuffed fried gulten balls, simmer over medium heat until cooked through and sauce has thickened. Serve.

## Tips
① Vegetable in filling is optional. Since there is meat in the filling, it must be cooked through.
② Don't forget to taste-test before serving.

# 螞蟻上樹

## Ants Climbing a Tree (Stir-fried Mung Bean Vermicelli with Minced Pork)

**材料：**

粉絲約 2 両，剁碎豬肉約 3 両，冬菇 3-4 隻（切小粒），唐芹粒約 2 湯匙，甘筍粒 2 湯匙，芫荽少許

**醃料：**

生抽 2 茶匙，水 1 湯匙，生粉 1 茶匙

**調味：**

生抽 1 茶匙，老抽 1 湯匙，糖 ½ 茶匙，水 2 湯匙

**做法：**

① 粉絲浸軟，瀝乾水份；碎肉放入醃料拌匀，待用。

② 燒熱油約一湯匙餘，將碎肉及其他配料同炒熟，加入粉絲，用筷子幫助炒匀，下調味料再炒拌均匀，放入芫荽少許，即可上碟。

### Ingredients

75 g Mung Bean Vermicelli

110 g Minced Pork

3-4 Shitake Mushrooms, soaked and diced

2 tbsp Chopped Chinese Celery

2 tbsp Diced Carrot

Some Coriander

### Marinade for Pork

2 tsp Light Soy Sauce

1 tbsp Water

1 tsp Corn Starch

### Seasoning

1 tsp Light Soy Sauce

1 tbsp Dark Soy Sauce

½ tsp Sugar

2 tbsp Water

### Cooking Method

① Drain soaked mung bean vermicelli, set aside. Combine marinade to minced pork, mix well.

② Heat a wok with 1 tablespoon of oil. Stir fry minced pork, mushroom, carrot and celery dices until cooked. Add mung bean vermicelli and stir well with shovel and chopsticks. Add seasoning, stir well. Transfer to a serving plate and garnish with coriander.

Tips

「螞蟻上樹」是老少咸宜的菜式。肉碎代表螞蟻，粉絲是樹，所以肉碎能黏上粉絲為佳。

"Ants climbing a tree" is a popular Chinese dish. Since minced pork resembles ants while mung bean vermicelli resembles tree branches, the two ingredients must be mixed well.

螞蟻上樹 Ants Climbing a Tree (Stir-fried Mung Bean Vermicelli with Minced Pork)

# 湯湯水水

廣府人很注重湯，尤其是老火湯（即要煲幾小時的那種）。家人夜歸，留湯使夜歸者感溫馨，有被「重視」的感覺。煲湯的材料更以有益身體為重，五十年代時更多人喜歡在湯中加入中藥同煲，近年已減少了。

我十多歲來香港，生活中很多事也被香港人同化了，尤其以往家中有請順德女傭，多少也學了一些本地飲食習慣，加上我的孩子都在香港出生，他們已是廣東化，我會煲西洋菜湯、菜乾白菜湯，在湯中會加豬踭或湯骨，但不會加蜜棗，我們不習慣帶甜味的湯。滾湯我也常做，可謂「快速易」，例如枸杞滾豬膶、大芥菜滾魚湯等，都是不錯的湯水。

說到外省人，尤其是我在上海居住時，家中的湯多以濃湯為主，例如砂鍋燉雞湯是用整隻雞放在大砂鍋中以慢火燉煮至雞酥爛，湯濃。煮此雞湯也有些小「講究」，要加火腿和扁尖筍。火腿一定要用金華火腿；扁尖筍是嫩而小條的帶鹹味的筍乾，在上海南貨店有售，每次只需加入少許。上枱時是整鍋連雞一起上的，雖稱湯也可算菜，這是比較講究的食法。

此外上海應是最早與外國通商的城市，接受很多西方的飲食文化，例如「羅宋湯」是大家都會做的，雖然各有做法，但味道都不錯的。還有最經濟的黃豆豬骨同熬湯，味道真不錯，且有營養，多年前許多上海食店都以黃豆豬骨作為客飯的例湯，此景此情已不再了。

廣府人士煲湯以補身有益為重。上海人會煮牛肉燉湯、燉雞湯或煮魚湯、肉湯，但簡便快速時，沖一碗醬油蛋花湯也無所謂，只是免得吃飯時太乾而已，真是各地皆有不同的飲食習慣。最簡便的蛋花湯，做法是將雞蛋拂開，在湯中略加入薑絲、鹽、麻油各適量，水煮滾就將雞蛋液加入，然後沖入湯碗中即成；有紫菜時，可加入撕碎的紫菜。

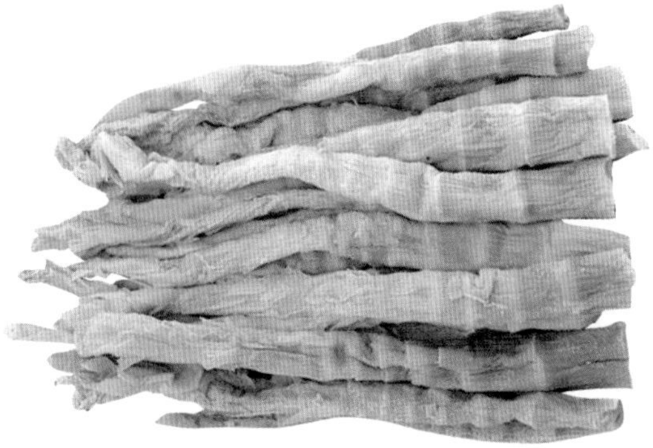

扁尖筍乾（又稱「扁乾」）

# 砂鍋燉雞湯

# Claypot Chicken Soup

**材料：**

冰鮮雞 1 隻，金華火腿 1 小塊，扁尖筍適量，薑 2 片

**調味：**

鹽少許

**做法：**

① 雞洗淨汆水後放入砂鍋中，加入適量水份、薑片、火腿和扁尖筍，煮滾後改用中火，將雞煮熟。

② 雞熟後，可改用小火，將雞燉煮至脍、湯濃，試味後加鹽調味，即可連鍋上枱供食。

## Ingredients

1 Chilled Chicken

1 small pc Jinhua Ham

Some Dried Salty Bamboo Shoots

2 Ginger Slices

## Seasoning

Salt, to taste

## Cooking Method

① Wash and blanch the chicken. Rinse and drain. Put the chicken in a clay pot, cover with adequate water. Add ginger slices, ham and bamboo shoots. Bring to a boil. Change to medium heat and simmer until chicken is cooked.

② Simmer over low heat until the chicken softened and the souped has concentrated. Seasoning with salt before serving.

Tips

「砂鍋雞」是一款有湯有料的美食，雞煮至入味和脍，但不可酥爛夾不起，還可加入津白、冬筍等同煮成一鍋。

Timing is the key to success for this dish. Cook the chicken until tender enough to pick up with chopsticks but not too soft to eat.

Long cabbage and winter bamboo shoot can be add to this soup as well.

# 砂鍋燉雞湯 Claypot Chicken Soup

# 寫在吃酸辣湯之前

我是一個喜歡「湯」的人，最愛是濃雞湯，此外「酸辣湯」也是我的至愛。酸辣湯的材料中不能缺的是雞紅豆腐，味要夠酸夠辣才合格，否則又何必吃酸辣湯呢？

我曾因工作去馬來西亞的吉隆坡，住在五星級的著名大酒店。晚上在酒店中餐部吃飯，叫了一碗酸辣湯，來到枱上的，竟是一碗加番茄醬和有多種材料的湯，實在無法吃完。想不到主廚出來打招呼，應酬幾句後，他一定要我給意見，在這種情形下，我只能直言他的「酸辣湯」不合規格，很難吃。主廚聽後不但沒有生氣，還希望我能教他，這樣反使我有些後悔自己是否太坦白了，結果我在他們的大廚房煮了一次很大份的酸辣湯，大家在廚房試味，之後我們且成為朋友，我也向他請教了一些廚藝，使我學到人與人的交往中坦率、誠懇的可貴。

酸辣湯是「羹」，不是滾湯，更不是老火湯，是要即煮即食的湯，不能久放。材料簡單且經濟，但卻能上的大枱，更是對酸辣鍾情人士的摯愛。在烹調酸辣湯時，要用炒菜的大鐵鑊煮才夠味，才是真正的會煮，沒有大廚是用小鍋來熬煮的。

既然說明是「酸」「辣」湯，當然一定要夠酸和夠辣才好味，否則不如不吃。但為了每人對酸辣的接受程度不同，所以一般做法較保留，也可說只是小酸小辣而已，吃時可隨個人口味再加醋加辣。醋以鎮江醋為標準，辣味則來自豆瓣醬。

材料中的雞紅是不能少的，沒有雞紅時，用豬紅代替也可以，不過，一定要切得較幼才顯精緻。酸辣湯材料雖不名貴，但很有名氣，並受到眾人喜愛，明白做法後，一切就簡單了；我試過用豆腐、豬紅、雞蛋做酸辣湯，效果也很好，主要是夠味。

# 雞紅酸辣湯

# Hot and Sour Soup with Curdled Chicken Blood

**材料：**

豆腐、雞紅各 1 件，肉絲、冬菇絲各約 2 湯匙，榨菜絲 1 湯匙，雞蛋 1-2 隻，芫荽 1 棵，辣豆瓣醬約 ¾ 湯匙，生粉水適量

**調味：**

老抽、生抽各適量，鎮江醋約 2 湯匙，麻油、胡椒粉各少許

**做法：**

① 豆腐、雞紅用清水沖淨，切成約 2-3 吋長的粗條，待用。

② 燒紅鑊，放入油約 1 湯匙，放入肉絲、冬菇絲、榨菜絲炒勻，加入豆瓣醬及約 1 湯碗水，煮至滾起，放入豆腐、雞紅煮到再度滾起。

③ 將生粉水逐少注入，需用鑊鏟不停推動，至成羹狀，熄火。

④ 將雞蛋打散，注入，拌勻成蛋花狀，放入調味和芫荽碎即成。

## Ingredients

1 Beancurd

1 Curdled Chicken Blood

2 tbsp Pork Julienne

2 tbsp Shitake Mushroon Julienne

1 tbsp Pickled Mustard Julienne

1-2 Eggs

1 Coriander, chopped

¾ tbsp Chilli Bean Sauce (Toban Djan)

Corn Starch Water

## Seasoning

Dark Soy Sauce

Light Soy Sauce

2 tbsp Zhenjiang Fragrant Vinegar

Sesame Oil and Pepper, to taste

## Cooking Method

① Rinse the beancurd and curdled chicken blood lightly with cold water. Cut the ingredients into 2 to 3-inch strips.

② Heat a wok with 1 tablespoon oil. Stir fry pork, mushroom and pickled mustard. Add chilli bean sauce and 1 bowl of water, bring to a boil. Add beancurd and curdled chicken blood, cook until another boil.

③ Add corn starch water to the soup slowly and stir with a spatula until the soup thickens. Turn off the heat.

④ Pour in beaten egg and stir gently to form egg drop. Add seasoning and chopped coriander before serving.

# 雞紅酸辣湯 Hot and Sour Soup with Curdled Chicken Blood

# MY UNFORGETTABLE DELICACIES

# 方 太 難 忘 的 味 道

天地
www.cosmosbooks.com.hk

書　名　方太難忘的味道
作　者　方任利莎
統　籌　林苑鶯
責任編輯　祁　思
食譜翻譯　祁　思
美術編輯　郭志民
食譜攝影　郭志民
相　片　方任利莎、DepositPhotos.com
出　版　天地圖書有限公司
香港黃竹坑道46號新興工業大廈11樓（總寫字樓）
電話：2528 3671　傳真：2865 2609
香港灣仔莊士敦道30號地庫／1樓（門市部）
電話：2865 0708　傳真：2861 1541
印　刷　亨泰印刷有限公司
柴灣利眾街27號德景工業大廈10字樓
電話：2896 3687　傳真：2558 1902
發　行　香港聯合書刊物流有限公司
香港新界大埔汀麗路36號中華商務印刷大廈3字樓
電話：2150 2100　傳真：2407 3062
出版日期　2020年3月／初版


ISBN：978-988-8548-51-4